# Bodenarbeit mit Pferden

*Bodenarbeit, Pferd gymnastizieren, Pferdetraining und vieles mehr!*



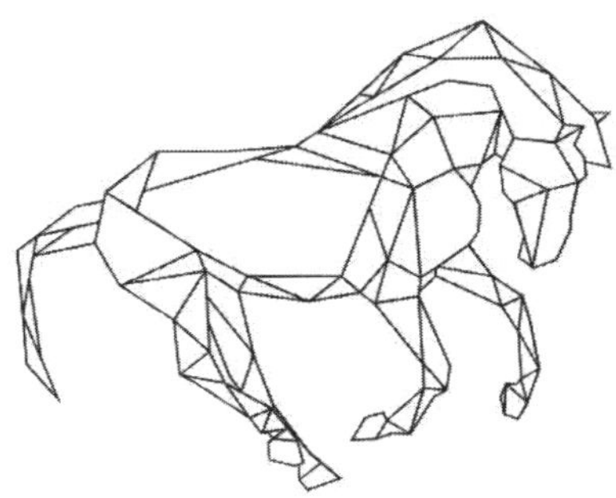

PFERDE

Kompaktwissen

Die Bodenarbeit mit Pferden - Das Buch über die Bodenarbeit und das Pferdetraining

Falls auch du eine wunderbare und innige Beziehung mit deinem Pferd oder Pony erleben möchtest, dann ist das Programm, das ich dir in diesem Buch vorstellen werde, ideal für dich. Es ist garantiert praxiserprobt und kinderleicht zu erlernen. Denn durch die Schritt-für-Schritt-Anleitungen wirst du die Übungen problemlos umsetzen können, sodass dein Pferd und du schon bald von den positiven Effekten profitieren könnt.

Dieses Buch ist der perfekte Einblick in die große und faszinierende Welt der Bodenarbeit. Wie du vielleicht schon weißt, ist es eine tolle Sache für dich und dein Pferd, denn diese Form der Beschäftigung hat zahlreiche positive Effekte, von denen ihr beide profitiert.

<u>Warum dieses Buch das Richtige für dich ist:</u>

- Über 40 Abbildungen
- Angewandtes Wissen mit viel Praxis
- Viele Übungen für Anfänger und Profis
- Von einer erfahrenen Reitlehrerin
- Umfangreiche Themensammlung

Bodenarbeit ist das Mittel der Wahl, wenn du eine solide Kommunikation mit deinem Pferd etablieren willst. Ihr werdet euch garantiert besser kennenlernen.

Bodenarbeit darf im Umgang mit dem Pferd nicht fehlen. Aus diesem Grund ist es auch so wichtig, dass du sie in die tägliche Arbeit integrierst. Dank der vielfältigen Optionen, die dir die Bodenarbeit bietet, bin ich mir zudem sicher, dass dir und deinem Pferd dabei ganz sicher auch nicht langweilig werden wird, während ihr euch zu einem großartigen Team entwickelt.

Der Inhalt des Buchs ist:

1. Grundlagen der Pferdehaltung
2. Das 1x1 der Bodenarbeit
3. Viele verschiedene Übungen und Praxisbeispiele
4. Die wichtigsten Fehler in der Bodenarbeit
5. Wichtige Tipps und Tricks

Wirf ein Blick ins Buch und lass dich von der Qualität und vom Umfang überzeugen. Steige jetzt in die Thematik der Bodenarbeit ein und verbessere die Beziehung zu deinem Pferd. Mit den Tipps und Tricks aus diesem Buch machst du dein Pferd zu deinem Freund. Viel Spaß auf eurem weiteren gemeinsamen Weg!

**INHALTSVERZEICHNIS**

## Bodenarbeit: Wozu, weshalb, warum?

Hast Du so etwas auch schon mal erlebt? Du willst zu einem Ausritt oder einem Lehrgang fahren und Dein Pferd steigt nicht in den Anhänger. Es steht an der Rampe, rammt die Vorderbeine in den Boden und sagt mit seinem ganzen Körper „Nein!“. Oder steht Dein Pferd nicht, wenn Du aufsteigen willst, sondern läuft direkt los, sobald Du einen Fuß in den Bügel stellst? Bedrängt es Dich, wenn Du mit dem Futtereimer in die Box kommst, rempelt Dich beim Führen an oder lässt sich womöglich gar nicht von der Koppel holen? Nur wenn alle anderen Pferde auch reingeholt werden und selbst dann musst Du Dir drei Leute zur Unterstützung holen?

Autsch ...

Der Umgang mit Pferden kann manchmal ziemlich frustrierend sein, vor allem dann, wenn die Beziehung zwischen Dir und Deinem vierbeinigen Partner nicht genügend geklärt ist. Und das offenbart sich durch scheinbare Kleinigkeiten. Denn das Herden- und Fluchttier Pferd braucht eine geklärte Beziehung so nötig wie die Luft zum Atmen. Gibt es hier vielleicht „Spielräume“, weil Du Dein Pferd oder Pony wirklich gerne magst und deshalb besonders nett zu ihm sein möchtest, dann kann das genau das Gegenteil bewirken: Stress für alle Beteiligten. Du bist frustriert, weil Dein Pferd Dir zeigt, dass es lieber mit seinen pferdischen Kumpels zusammen ist, als mit Dir und das Pferd ist gestresst, weil es sich in Deiner Umgebung nicht sicher fühlt. Immerhin hat es den Eindruck, dass Du seine Grundbedürfnisse nicht sicherstellen kannst.

Und ganz ehrlich: Wenn es schon am Boden mit euch beiden nicht stimmt, wie soll es dann beim Reiten funktionieren? Sicherlich könntet ihr beide deutlich besser harmonieren und weiterkommen, wenn die berühmte Chemie stimmt. Denn ein unsicheres Pferd kann sich bei der Arbeit unter dem Sattel leider nicht genug loslassen und innere sowie äußere Losgelassenheit sind nun mal die Basis, auf der die ganze Pferdeausbildung aufbaut.

Der beste Weg zu mehr gegenseitigem Vertrauen und Harmonie ist ... Bodenarbeit!

Ja, genau. Bodenarbeit, vernünftig gemacht, kann eure Beziehung unglaublich verbessern und auf ein ganz neues Level heben. Sie ist ein elementarer Bestandteil einer vernünftigen Pferdeausbildung.

Das Schöne an Bodenarbeit: Du kannst sie so, wie ich sie verstehe, eigentlich jederzeit und mit kleinsten Hilfsmitteln durchführen. Dafür ist weder ein teurer Kurs nach einem bestimmten super angesagten System erforderlich noch spezielles Equipment, das Du Dir wiederum für teuer Geld anschaffen musst.

Nein, das ist es genau nicht!

Mein Anliegen ist es nämlich, dass jeder jederzeit mit seinem Pferd diese wertvollen Übungen durchführen und davon profitieren kann ohne große Anschaffungen und ohne aufwendige Vorbereitungen. Denn ich bin mir sicher, die Sachen, die nötig sind, hast Du bereits bei Dir im Stall. Es reichen für den Anfang nämlich ein Stallhalfter, ein Führstrick, Handschuhe und eine Gerte. Später wäre es schön, wenn Du vielleicht noch ein paar Hindernisstangen, eine Halle, ein freier Paddock, ein kleines Stück Wiese und ein paar Pylonen zur Hand hast. Mehr brauchst Du nicht. Dann kannst Du bereits loslegen.

Damit Du besser verstehst, worauf es bei den jeweiligen Übungen ankommt, findest Du in diesem Buch zahlreiche Abbildungen, für die sich Mitglieder des Reitvereins „Unter den Eichen“ Bolsehle e.V. freundlicherweise zur Verfügung gestellt haben. Du siehst also Pferdemenschen auf jedem Niveau, vom Einsteiger bis zum Profi sowie Pferde unterschiedlichen Alters, Ausbildungsstandes und auch diverser Rassen. Denn Bodenarbeit ist etwas, das für alle geeignet ist! Sie ist für Reiteinsteiger sowie reine Freizeitreiter und -pferde ebenso sinnvoll wie für Turniercracks.

Das Besondere an diesen Aufnahmen: Zwei der Pferde befinden sich im Wiederaufbau nach einer längeren Erkrankung. Auch oder gerade für sie ist Bodenarbeit ideal als Gegenmittel bei Langeweile und um sie weiterhin beweglich und geschmeidig zu behalten, denn das alles kann Bodenarbeit:

- Die Mensch-Pferd-Beziehung stärken und verbessern.
- Das Pferd vertraut Dir immer mehr.
- Du sorgst so für mehr Abwechslung in der Arbeit.
- Du machst Dein Pferd mutiger und selbstbewusster.
- Du gymnastizierst Dein Pferd.
- Dein Pferd wird geschickter.
- Du kannst so spätere Lektionen vom Boden aus vorbereiten.

Nicht schlecht, oder?

Ich muss ganz ehrlich sagen, dass ich lange Zeit auch dachte, auf Bodenarbeit verzichten zu können. Irgendwie hielt ich es für eine Art „Spielerei". Bis mir schließlich mehr durch Zufall klar wurde, dass ich auf dem Holzweg war. Nach langen Jahren wurde ich gebeten, mich um eine Ponystute zu kümmern, die wirklich gar keine Lust mehr auf Menschen hatte. Sie ließ sich über Tage nicht von der Wiese holen, selbst wenn die anderen Pferde reinkamen. Sollte sie mit Helfern in die Enge getrieben werden, rannte das Pferd sogar 2-Meter-Schränke über den Haufen. Das Pony hatte komplett das Vertrauen und das Interesse an einer Zusammenarbeit mit Menschen verloren und sollte daher eigentlich sogar zum Schlachter.

Als ich mich um die Stute kümmern sollte, war von vornherein eins klar: Ich würde umdenken müssen. Insofern waren wir gegenseitig Herausforderungen für uns. Hier half mir die Bodenarbeit unglaublich viel und inzwischen habe ich eine Ponystute, die begeistert wiehert und zu mir kommt, sobald sie mich entdeckt. Das schönste Geschenk, das einem so ein Tier machen kann. Ich bekomme heute noch jeden Tag Herzchenaugen.

Falls auch Du so eine wunderbare, innige Beziehung mit Deinem Pferd oder Pony erleben möchtest, dann ist das Programm, das ich Dir nun vorstellen werde, ideal für Dich. Es ist garantiert praxiserprobt und kinderleicht zu erlernen. Denn durch die Schritt-für-Schritt-Anleitungen wirst Du die Übungen problemlos umsetzen können, sodass Dein Pferd und Du schon bald von den positiven Effekten profitieren könnt.

Viel Spaß und viel Erfolg!

PS: Inzwischen ist die Ponystute sogar schon in Dressuren gegen Großpferde erfolgreich. Denn hinter dem ängstlichen „Einsiedler“ versteckte sich ein motiviertes, leistungsbereites Pony, das nur darauf wartete, sich endlich zeigen zu dürfen!

# Eine ganz besondere Beziehung

Als Kind war ich völlig vernarrt in zwei Dinge: Pferde und Lesen. Weil Reiten damals aber noch als Luxussportart reicher Leute galt, waren Reitstunden oder gar ein eigenes Pony etwas, das komplett außer Reichweite lag. Die Ausnahme war sonntags in der „Schnupperstunde" Reitunterricht auf einem Ponyhof in der Nähe zu nehmen. Die Zeit dazwischen habe ich überbrückt mit Besuchen im Reitverein bei uns im Ort, wo es „richtigen" Unterricht auf Großpferden gab. Ich schwebte auf Wolke Sieben, wenn die komplette Abteilung wie die „ganz Großen" im Fernsehen in einer Trabtraversale durch die kleine Halle schwebte. Das war für das kleine Pferdemädchen fast so schön, wie den Doktor (Rainer Klimke), Stückelberger, Balkenhol, Uphoff und Co. durch die großen Dressurvierecke dieser Welt schweben zu sehen!

Hach!

Zu Hause besaß ich schon damals eine umfangreiche Pferdebücher-Bibliothek: Blitz, Fury, Britta, Bille und Zottel und wie sie alle hießen. Es war eigentlich ziemlich einfach, mich zu der Zeit glücklich zu machen. Man brauchte mir nur ein neues Pferdebuch schenken. Dann konnte ich davon träumen, wie die Helden und Heldinnen in den Büchern mein Herzenspferd zu finden und mit ihm die Turnerplätze oder Rennbahnen dieser Welt zu erobern.

Ich war schon ein wenig älter und hatte es tatsächlich geschafft, ein eigenes Pflegepony zu bekommen, als ich durch Zufall etwas entdeckte, was mich unglaublich beeindruckt und mich nachhaltig geprägt hat. Vielleicht weil ich mich darin wiedererkannte? Mein Pflegepony war eines der typischen Wald-und-Wiesen-Kreuzungen, die es damals fast ausschließlich gab. Sicherlich war bei „Orkenia" auch ein Haflinger durchgehuscht. Sie war schon ein ziemlich verrücktes Huhn von einem Pony, das sich vor allem und jedem erschrecken konnte. Aber das war mir natürlich komplett egal, für mich war sie das weltbeste Pony von allen. Und offensichtlich hatte sie mit der Zeit ebenfalls zu mir echtes Vertrauen gefasst, denn sobald ich am Weidezaun nach der Schule auftauchte, war das Pony immer an meiner Seite. Stets war sie etwa eine Armeslänge von mir entfernt, egal was ich tat, egal wohin ich ging. Wir haben aber auch irgendwie alles zusammen gemacht: Ich habe das Pony geputzt, gefüttert, war beim Schmied dabei, habe meine ersten Dressurversuche mit ihr auf einem selbst provisorisch eingezäunten Paddock gemacht (mit und ohne Sattel sowie mit und ohne Trense) und meine allerersten Sprünge gemacht. Zunächst mit dem Pony am Führstrick neben mir, später dann im Sattel sitzend. Wir verbrachten unglaublich viel Zeit miteinander, der eine kannte den anderen. Das Pony zeigte mir, was es mochte und was nicht und im Gegenzug knuddelte ich es oder schimpfte mit ihm, wenn es mir auf den Fuß trat oder mich anrempelte. Alles ganz natürlich irgendwie.

Wir waren ein Dreamteam bis die Stute an ein anderes Mädchen aus dem Ort verkauft wurde. Das war schon schwer zu ertragen, aber als das Pony dort bei der Geburt ihres ersten Fohlens starb, habe ich tagelang nur geheult und mir geschworen, nie wieder zu reiten. Denn so eine Beziehung wie mit Orkenia würde es nie wieder geben ...

Das Schicksal kennt ja angeblich keine Zufälle, von daher bin ich mir noch immer nicht sicher, wie ich die Aufräum-Aktion meiner Mutter damals einschätzen sollte. Tatsache ist, dass sie beim Aufräumen des großen Wohnzimmerschrankes alte Papiere entdeckte, darunter auch den Dienstausweis meines bereits lange verstorbenen Opas, den ich nie persönlich kennengelernt hatte. Die Aufschrift verriet: Er war ein Kavallerist gewesen! Dass es in unserer Stadt früher mal eine bedeutende Heereskavallerieschule gegeben hatte, wusste ich zu der Zeit schon. Doch jetzt wurde ich hibbelig: War womöglich MEIN Opa bei einem der Regimenter gewesen? Mit vor Staunen weit aufgerissenen Augen hörte ich meinem Vater zu, als der mir das bestätigte. Ja, sowohl mein Opa als auch mein Ur-Opa hatten bei der Kavallerie gedient. Gibt es so etwas wie Reiter-Gene? Falls ja, dann hätte ich diese doch haben müssen.

Plötzlich lächelte mein Vater und erzählte weiter, dass mein Opa eine ganz besonders innige Beziehung zu seinem Dienstpferd gehabt hätte. Das habe er mehrfach erwähnt. Die Stute sei ihm wie ein Hund überall hin gefolgt, sogar wenn sie in einen Eisenbahnwaggon verladen werden musste. Und wenn er auf den Feldzügen nachts auf dem Boden schlafen musste, dann hätte er den Hals der Stute als Kopfkissen nehmen dürfen.

DAS ist es, dachte ich damals. Absolutes Vertrauen, wie bei besten Freunden. Schlagartig stand für mich fest: Das will ich auch.

Diese Geschichte hat mich damals schon tief bewegt und tut es auch heute noch. Sie zeigt nämlich, dass wir Pferde jederzeit zu unseren besten Freunden machen können. Es braucht nur Zeit, Beharrlichkeit, Verständnis, unbedingten Respekt dem Tier gegenüber, freundliche Konsequenz und ein wenig Köpfchen.

Das schaffst Du auch!

## Die Basics

Viele Leute sind bei der Bodenarbeit etwas „kopflos", deshalb verpufft dann häufig die Wirkung des Ganzen. Sie üben und üben und haben den Eindruck, gar nicht voranzukommen. Das kann einem tatsächlich so ergehen, wenn man nämlich nicht im Hinterkopf hat, was man eigentlich mit einer Übung erreichen möchte.

Wer stundenlang immer wieder mit dem Pferd oder Pony am Strick in der Halle oder auf dem Platz Runde um Runde geht und die immer gleichen drei Übungen macht, wird weder das Vertrauen stärken noch das Pferd gymnastizieren. Im Höchstfall erreicht man damit eins: Das Pferd langweilt sich total. Die gnädigen Exemplare trotten dann noch mit einem mit und spulen ihr Programm desinteressiert ab, die pfiffigen fangen dagegen irgendwann vielleicht an, sich das Ganze spannender zu gestalten. Typisch sind dann solche Aktionen, wo das Pferd sich plötzlich vor den berühmt-berüchtigten „Eckengeistern" erschrickt und einen Heidentanz aufführt. Oder sich plötzlich weigert eine Übung auszuführen, die ansonsten schon hunderte von Malen funktioniert hat. Ponys haben ja bekanntlich einen recht robusten Charakter und sind ziemlich durchsetzungsfähig. Da kann es dann schnell mal vorkommen, dass der Vierbeiner beschließt, sich das Gras draußen genauer anzuschauen und den Zweibeiner einfach stehen lässt.

Ich kann es gar nicht genug betonen: Abwechslung ist das A und O bei der Pferdeausbildung! Immer. Egal welche Disziplin Du Dir aussuchst, „Fachidiotentum" ist ein No-Go, wenn Du Wert auf ein ausgeglichenes, zufriedenes und interessiertes Pferd legst. Denn es geschieht wirklich allzu leicht, dass man Pferde abstumpft und ihnen den Esprit nimmt, obwohl man es eigentlich sogar sehr gut meint.

Mich persönlich macht es immer wieder traurig, wenn ich Pferde sehe, die anhand von Bodenarbeitsmethoden trainiert werden, die aus den USA stammen. Ja, man bekommt so vielleicht grotten-brave Pferde, die keinen falschen Schritt mehr machen, weil sie zu einer Art „Befehlsempfänger" umprogrammiert worden sind. Müssen wir Pferde so dressieren, dass sie keine pferdischen Verhaltensweisen mehr zeigen? Darf da gar kein Leben mehr drin sein? Denn tatsächlich bin ich immer wieder auf Pferdesportmessen erschrocken, wenn ich bei Messen in die leblosen, toten Augen solcher Pferde geschaut habe.

Deshalb ist meine Grundregel Nummer 1:

Abwechslung ist das Salz in der Suppe!

Das bedeutet aber nicht, dem Pferd und Dir einen strengen wöchentlichen Plan aufzuerlegen, von dem Du keinen Zentimeter abweichen darfst. Denn sowohl Du als auch Dein Pferd sind nicht jeden Tag gleich gut drauf. Achte also immer auch auf Dein Bauchgefühl, wenn Du Dir überlegst, was Du heute mit Deinem Pferd machen willst und solltest. Manchmal ist ein schöner Ausritt genau richtig, etwa wenn Du viel Stress bei der Arbeit hattest und Dich sowieso nicht so gut konzentrieren kannst. Aber etwas Dressurarbeit oder ein „Hüpfer" über ein paar Hindernisse sind ebenfalls wichtig, denn nichts geht über eine vielseitige Ausbildung.

Du entscheidest Dich heute für Bodenarbeit? Super. Dann starten wir direkt mal.

## Die Spielregeln im Umgang mit dem Pferd

In Sachen Bodenarbeit gibt es einen wesentlichen Grundsatz, der wirklich für alle Bodenarbeitsweisen gilt. Er lautet:

Der Mensch bewegt das Pferd.

Dieser Satz ist quasi das 11. Gebot für Leute, die mit einem Pferd umgehen oder er sollte es zumindest sein. Allerdings geht dies beim täglichen Umgang mit dem Tier meist unter, was wiederum die Ursache für viele Probleme mit dem Pferd ist, sowohl beim Umgang am Boden als auch beim Reiten.

Ja, genau, auch beim Reiten! Lass diesen Satz ruhig einmal sacken.

Hierbei handelt es sich um eine der entscheidenden Spielregeln, nach denen das Herdentier Pferd lebt und funktioniert. Wenn wir möchten, dass es uns vertraut, sollten wir wissen, wie ein Pferd so „tickt". Denn dann wird uns in der Regel auch schlagartig klar, warum es manchmal Verhaltensweisen zeigt, die wir als Menschen gar nicht so gerne mögen – die aber aus Pferdesicht absolut vernünftig sind, z.B. Scheuen oder Durchgehen. Gerade dann, wenn Dir Bodenarbeit so wichtig ist, weil die Beziehung zu Deinem Pferd nicht stimmt oder es vielleicht Unarten zeigt, die Du abstellen möchtest, solltest Du Dich mit seinem Wesen eingehender auseinandersetzen. Ganz nach der guten, alten Devise: Wissen ist Macht.

### Crashkurs: Das Wesen des Pferdes

Ursprünglich war das Pferd ein Waldbewohner. Es lebte zwischen Farnen und Dickicht und ernährte sich unter anderem von Laub. Im Laufe der Evolution verließen die Pferdevorfahren die Wälder und besiedelten die Steppen. Hier entwickelte sich schließlich die Art

„Pferd“, so wie wir sie kennen mit seinem faszinierenden Aussehen und gutmütigem Charakter sowie seinen Eigenheiten. Wesentliche Kriterien des Pferdes sind:

- Beutetier
- Fluchttier
- Bewegungsseher
- Herdentier

Das freundliche Säugetier Pferd ist als reiner Pflanzenfresser zunächst einmal potenzielle Beute für Raubtiere. Da es weder scharfe Reißzähne, spitze Hörner oder scharfe Klauen besitzt, um sich zu verteidigen, ist sein einziger Ausweg die schnelle Flucht. Die Devise ist dabei: Lieber einmal zu viel als zu wenig. Insofern sind Pferde ständig fluchtbereit und können dann von 0 auf 100 losrennen, um sich vor der vermuteten Gefahr in Sicherheit zu bringen.

Dabei sind sie aufmerksam und sehr gute Beobachter. Pferde registrieren sehr wohl, wenn ein Blumentopf von einem Tag auf den anderen um ein paar Zentimeter verrückt wurde. Sie scheuen vor großen Blättern oder vermeintlicher „Unordnung“, denn hierunter könnte sich theoretisch ein Raubtier verbergen. Auf solche potenziellen Gefahren reagieren sie in der Regel instinktiv, wobei der Fluchtinstinkt von Rasse zu Rasse bzw. sogar Pferd zu Pferd unterschiedlich stark ausgeprägt ist.

Während Vollblüter oder Pferde mit entsprechendem Einschlag in der Regel eine eher „kurze Leitung“ haben, sind sogenannte „Gebirgspferderassen“ da meist etwas kulanter. Letzteres ist ein Oberbegriff, z.B. für das Norwegische Fjordpferd und die Haflinger, die meist deutlich weniger schreckhaft sind. Das macht auch Sinn, denn ein Pferd, das in den Alpen oder den Fjorden kopflos bei jeder Kleinigkeit davonstürmen würde und erst danach überlegt, ob das nötig war, wäre vermutlich schon längst vom Fjord oder den Dolomiten gepurzelt. Steppenpferde, wie z.B. Araber können dagegen kilometerweit laufen, ohne Probleme zu bekommen. Insofern ist bei Blutpferden der Fluchtinstinkt deutlich ausgeprägter.

Sicherlich ist Dir auch schon einmal aufgefallen, dass Pferde mitunter unvermittelt den Kopf hochnehmen, hektisch abschnauben und sich suchend umsehen. Du könntest jedoch schwören, dass da rein gar nichts ist. Sagen wir mal so: Da ist nichts, was wir Menschen registrieren würden. Pferde sind jedoch Bewegungsseher und sind uns da in gewisser Hinsicht meilenweit überlegen.

Das Pferdeauge ist nämlich dazu in der Lage kleine und blitzschnelle Bewegungen wahrzunehmen. Tatsächlich sehen sie deutlich mehr Einzelbilder in der Sekunde, als wir es können. Um das mal zu verdeutlichen: Während wir im Kino einen fortlaufenden Film sehen, wäre ein Pferd dazu in der Lage, jede einzelne Aufnahme separat zu sehen. Eine clevere Angelegenheit, denn so sieht es „verdächtige“ Bewegungen, die wir nicht einmal im Ansatz bemerken. Früher gab es in Bezug auf die Fernsehwerbung eine Zeit lang den Vorwurf, die Macher würden hierin versteckte Botschaften platzieren, etwa „Kauft mehr xy!“. Weil wir nur den fortlaufenden Clip bewusst sehen und nicht das Einzelbild, würde uns dies zu willenlos konsumierenden Zombies machen. Einem Pferd wäre das nicht passiert!

(Uns zum Glück ebenfalls nicht, denn diese vermeintlich eingeschleusten Werbebotschaften waren lediglich ein Fake.)

Du siehst schon jetzt. Es ist definitiv kein böser Wille, wenn Dein Pferd erschrickt, Geister sieht oder vielleicht sogar spontan durchstartet. Das ist, so unangenehm dies für uns auch manchmal sein kann, im Prinzip absolut normales Pferdeverhalten. Wenn Du jetzt sagst: „Ok, aber warum macht das Pferd das bei mir, aber nicht bei meiner Reitlehrerin?“, dann ist das eine absolut berechtigte und wichtige Frage. Diese führt uns direkt zum letzten Punkt: das Pferd als Herdentier.

Es ist von größter Bedeutung, dass wir uns gerade diese Tatsache immer wieder bewusst machen, denn zahlreiche vermeintliche Unarten entstehen, weil wir uns nicht oder nur ungenügend bewusst sind, was das Herdentier-Dasein konkret bedeutet.

Das Leben in einer Herde hat deutliche Vorteile für das Beutetier Pferd. Sie bedeutet Schutz gegen Fressfeinde. Denn es gibt beispielsweise immer ein Herdenmitglied, das aufpasst und Wache hält, während die anderen die Köpfe unten haben und fressen oder aber schlafen. Dieses „Wachpersonal“ alarmiert die anderen im Falle einer Gefahr und es wird, ohne zu zögern oder zu fragen, ob der Alarm berechtigt ist, sofort geflüchtet. In einer größeren, flüchtenden Gruppe fällt es Raubtieren zudem deutlich schwerer, sich auf ein einzelnes Opfer zu fokussieren.

Abbildung 1: Zur Entspannung kann man das Pferd zwischen zwei Übungen auch einfach einmal grasen lassen.

Damit eine Herde aber so prompt reagieren kann, gibt es elementare Spielregeln, die jedes Mitglied kennt und beachtet.

So ist es für ein Pferd etwa wesentlich, seinen Platz in der Herde zu kennen, dies gibt ihm Sicherheit. So muss es nicht ständig wieder überprüfen, ob der Herdenchef noch seine Aufgabe erfüllt und aufpasst. Dieses ständige Nachfragen jedoch würde größten Stress für das Herdentier Pferd bedeuten.

**Übung:**

Überlege, wer von euch beiden auf potenzielle Gefahren achtet? Du oder eher Dein Pferd?

## Alles eine Frage der Dominanz?

Da Pferde in einer Herde miteinander teilweise recht ruppig umgehen, wurde lange Zeit angenommen, dass auch bei ihnen Dominanzverhalten anzunehmen sei. Sprich: Sie handeln nach der Devise: „Ich Chef – du nichts!". Wonach die Herde eine reine Ellenbogengesellschaft darstellen würde, bei der derjenige, der die anderen am meisten unterdrückt, der Ranghöchste ist. Abgeguckt hatte man sich das Prinzip von Hunde- bzw. Wolfsrudeln und dies dann einfach 1:1 auf die ja ansonsten recht friedlichen Pflanzenfresser übertragen.

Plötzlich wollte jeder der Chef seines Pferdes sein, was teilweise in höchst unschönen gewaltsamen Attacken endete. Ich selbst musste leider schon miterleben, dass derart gegängelte Pferde mit dem Kopf durch Glasfenster gegangen sind, nur weil der Reiter dem Tier zeigen wollte, dass er hier der Boss ist. Da ist mehr als eine Gerte oder sogar Rohrstöcke zu Bruch gegangen. Traurigerweise.

Tatsache ist: Ja, es gibt in einer Herde eine Rangordnung. Es gibt Pferde, die gerne Verantwortung übernehmen und die Herde anführen. Sie haben in der Regel auch als erstes Zugriff auf wichtige Ressourcen wie Wasser und Futter und dürfen sich fortpflanzen. ABER: Es ist nicht wie bei Hühnern, die eine konsequente Hackordnung haben. Pferde checken immer wieder kurz ab, ob die Rangordnung noch aktuell ist, schließlich ist es normal, zu versuchen, sich mehr Privilegien zu verschaffen. Es kann ebenfalls immer wieder beobachtet werden, dass Pferde mit unterschiedlichem Status in der Gruppe beispielsweise befreundet sind und Futter miteinander teilen. Ebenso kann es sein, dass der Herdenchef ein rangniedriges Tier vor Attacken der anderen beschützt. Und ganz besonders faszinierend: Nicht das Pferd, das hochaggressiv auf die anderen Gruppenmitglieder eindrischt, ist ein guter Anführer, sondern das Pferd, welches möglichst viele Freundschaften eingeht.

Bei uns im Stall gibt es genauso ein gutes Anführer-Pferd. Es ist hochinteressant zu sehen, wie „Kalle" vorgeht, wenn ein neues Pferd zu ihm in die Gruppe kommt. Dazu muss man wissen, dass dieser Wallach fast 1,80 Meter groß und ein echtes Schlachtschiff ist, wie man so schön sagt. Kalle geht in der Regel gemütlich zu dem neuen Pferd hin, schaut es sich genau an und walzt dann quasi durch das fremde Pferd durch. Das heißt, er geht gemächlichen Schrittes einfach seines Wegs, nur der führt genau über die Stelle, wo das andere Pferd steht. Das muss wohl oder übel Platz machen und schon ist die Rangordnung geklärt. Denn Kalle handelt konsequent nach der Devise:

Der Chef bewegt die Rangniedrigeren und behauptet seinen Platz.

Denn derjenige, der bewegt, ist der Chef im Ring. Womit wir direkt wieder bei dem Grundsatz sind, den ich Dir schon vorgestellt habe:

Der Mensch bewegt das Pferd.

Denn immer derjenige, der den anderen bewegt, hat in den Augen des Pferdes den höheren Status. Du brauchst also nicht herumschreien, mit den Armen wedeln oder mit der Gerte wild herumfuchteln. Achte nur darauf, dass DU derjenige bist, der bewegt und nicht der, der bewegt wird vom Pferd.

Achte außerdem darauf, dass Du konsistent handelst, also immer gleich in ähnlichen Situationen agierst. Wenn Du etwas nicht möchtest, z.B. angerempelt werden, dann ist das vollkommen okay. Dann zeig Deinem Pferd bitte aber jedes Mal nachdrücklich, dass das nicht in Ordnung ist für Dich. „Kalle" würde sich Anrempeln als Herdenchef ganz sicher nicht bieten lassen und den Rempler direkt zur Ordnung rufen mit angelegten Ohren, einem Drohen, einem kleinen Kick oder einer Attacke. Er ist nachdrücklich, aber nicht nachtragend. Was er nicht will, das will er nicht und das ist für die anderen Herdenmitglieder absolut okay!

Ein Nein ist ein Nein. Und Du brauchst auch nicht mit Wattebäuschen werfen. Auch wenn wir Pferde wirklich lieben, sollten wir dennoch unbedingt darauf achten, dass sie uns respektieren sowie achtsam mit uns umgehen. Ganz ehrlich, mir ist es auch hundert Mal lieber, wenn der Mensch der Chef ist als das Pferd, was man leider viel zu oft zu sehen bekommt. In den letzten Jahren habe ich auch immer wieder Menschen-Pferde-Paare erlebt, wo der Zweibeiner so viel Respekt vor einem wirklich rotzigen Pferd hatte, dass er sich nicht mehr traute, sich draufzusetzen. Am Ende waren diese Leute nur noch die Versorger von Majestät Pferd. Keine gesunde Konstellation, denn mir bereitet der Gedanke Bauchschmerzen, wenn ein instinktgesteuertes Tier, das ziemlich schlecht im „Was passiert dann?“-Spiel ist, die Führung übernimmt. Das kann nur schief gehen, bis hin zu schlimmen Unfällen. Mir persönlich ist es unendlich viel lieber, wenn derjenige mit dem größeren Hirn das Denken übernimmt, also Du!

„Kalle“ muss sich nicht rechtfertigen, wenn er etwas nicht möchte. Das musst Du ebenfalls nicht. Halte Dir das immer vor Augen. Werde nicht ungerecht, aber nimm den Raum ein, den Du möchtest. Tust Du das konsequent, wirst Du nämlich schnell etwas Faszinierendes feststellen: Das Pferd wird sich in Deiner Gegenwart entspannen können, ist plötzlich ruhiger als vorher. Denn wenn Du immer ähnlich reagierst und Deine Wünsche durchsetzt, bist Du in den Augen des Tieres endlich verlässlich. Das wiederum ist ein entscheidendes Kriterium, damit Du zu einem Herdenchef wirst, dem das Pferd vertrauen kann.

Jetzt musst Du ganz kurz stark sein: Dein Pferd wird nämlich immer wieder mal anfragen, ob die Regeln in eurer Beziehung noch immer gelten. Es fragt ab, ob die Rangordnung noch gilt. Hintergrund ist dabei, dass das Pferd prüft, ob Du noch aufpasst und für seine Sicherheit garantieren kannst.

Dieses Antesten ist häufig recht subtil, weshalb wir Menschen dazu neigen, es zu übersehen. Eine klassische Situation unter dem Sattel ist beispielsweise, wenn Dein Pferd plötzlich selbst bestimmt, wo es langgeht. Also vom Hufschlag reindrängelt auf den zweiten Hufschlag. Meist gehen dem kleinere Signale voraus, die uns jedoch nicht auffallen. Das Pferd fragt ständig an: Passt Du noch auf? Wirklich? Echt? Jetzt auch noch ...? Gib so früh und so klar wie möglich eine Antwort und bleibe Anführer. Sowohl im Sattel als auch am Boden. Denn nur wenn Du das beherzigst, macht Reiten wirklich Spaß. So wird aus einem fortwährenden „Kleinkrieg" endlich die vertrauensvolle Harmonie, die wir uns alle so wünschen.

Um es abschließend noch einmal ganz deutlich zu sagen: Bodenarbeit ist KEIN Dominanztraining. Es geht nicht um Gehorsam. Es geht hierbei vielmehr um Kommunikation und Vertrauen. Mit Bodenarbeit soll eine Basis für ein besseres Miteinander zwischen Dir und Deinem Pferd entstehen. Das Pferd soll Dir vertrauensvoll folgen, während Du ihm die Sicherheit gibst: Da wo der Mensch hingeht, kann ich ihm bedingungslos hin folgen.

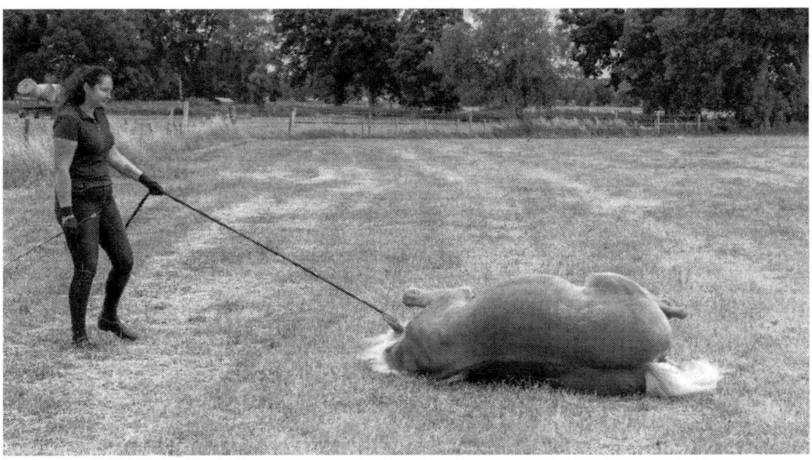

Abbildung 2: Der schönste Vertrauensbeweis überhaupt: Der Haflinger wälzt sich vertrauensvoll am Führstrick mitten auf einem großen, freien Feld.

Übrigens haben Wissenschaftler die Dominanztheorie inzwischen sogar in Bezug auf Raubtierrudel revidiert (aus diesem Bereich stammt sie nämlich und wurde schlicht auf Herden von Pflanzenfressern übertragen). Denn auch dort funktioniert das Zusammenleben deutlich komplexer und flexibler, als man es lange Zeit fälschlicherweise angenommen hat.

**Übung:**

Überlege bitte einmal ganz ehrlich, wer der Anführer von eurer Zweier-„Herde" ist?

Woran merkst Du das?

## Wie lernt das Pferd?

Erst einmal die gute Nachricht: Pferde lernen ihr Leben lang! Deshalb können sie auch im höheren Alter noch wunderbar und mit Spaß anspruchsvolle Lektionen lernen oder gar Zirkustricks. Jetzt die weniger gute Nachricht: Sie beobachten unglaublich gut und ziehen ihre Schlüsse aus allem, insofern lernen sie auch Dinge, die wir oftmals weniger vorteilhaft finden.

Typische Situationen, die wir unter „Kleinigkeit" abspeichern und dann vielfach vergessen, sind beispielsweise:

- Das Pferd rempelt uns an und kommt so schneller an das frische Gras.
- Das Pferd bemerkt, dass der Mensch immer Leckerlis in der Jackentasche hat. Beim nächsten Mal steckt es die dicke Nase von selbst hinein, um sich eins zu holen. Dabei geht leider die Jackentasche zu Bruch.
- Das Pferd hört ein Geräusch, das es unheimlich findet. Es „rettet" sich selbst, indem es flieht. Der Reiter, der damit nicht gerechnet hat, landet unsanft auf seinen vier Buchstaben.

Jedes Mal hat das Pferd in diesen Situationen etwas gelernt, unglücklicherweise etwas Unerwünschtes. Natürlich können sie so etwas auch wieder „verlernen" bzw. mit etwas Neuem

„überschreiben", aber dies ist leider meist mühsamer, als direkt bei den ersten Gelegenheit zu demonstrieren, dass wir diese Verhaltensweisen nicht so gerne sehen. Insofern wäre es natürlich optimal, wenn wir von vornherein bei unerwünschtem Verhalten entsprechend handeln, doch aus eigener Erfahrung weiß ich, dass dies manchmal leider nicht möglich ist. Springt mir das Pferd beim ersten Duschen in einem neuen Stall auf den Fuß, weil hinter dem aufgeregten Tier natürlich genau jetzt ein Trecker auftaucht, dann kümmere auch ich mich als erstes um meinen verletzten Fuß.

Aber sobald man wieder einigermaßen mobil ist, sollten entsprechende Situationen geübt werden, damit so etwas möglichst nicht wieder passiert. Und damit das Pferd lernt: Wenn ich den Menschen körperlich bedränge, ist das keine Lösung. Das heißt: Es kann sich so der unheimlichen Situation nicht entziehen.

Wie lernt nun aber das Fluchttier Pferd genau?

Grundsätzlich gilt: Du musst das Pferd dazu bringen nachzudenken. Das ist der einzige Weg, wie man instinktive Reaktionen, wie z.B. den Fluchtreflex, händelbar machen kann. Das geht aber nur dann, wenn eure Beziehung getragen ist von Vertrauen, Ruhe und Geduld. Ansonsten entsteht beim Üben neuer Sachen schnell Stress und unter Stress kann man nicht lernen, weder Pferde noch Menschen. Deshalb solltest Du immer im Hinterkopf behalten, nach welchen Kriterien ein Pferd lernt und behalte bitte unbedingt die Geduld! Kein Pferd lernt absichtlich falsch oder schlecht. Wenn es eine Lektion nicht ausführen kann, dann tut es das nicht, um Dich zu ärgern. Kein Pferd steht 23 Stunden lang im Stall, auf dem Paddock oder der Wiese und heckt etwas aus, nur um Dir eins auszuwischen! Das ist eine zutiefst menschliche Denkweise, so ticken Tiere nicht. Wirklich nicht! Auch wenn es immer wieder Vierbeiner gibt, bei denen sich dieser Eindruck gelegentlich aufdrängt.

- **Nachahmung**
  Pferde lernen von pferdischen Vorbildern. Wenn sie auf der Weide, z.B. sehen, wie ein anderes Tier eine große, schwere Rindertränke bedient, sind sie in der Lage, dies

nachzumachen. Deshalb macht es beispielsweise Sinn im Gelände ein sicheres, ruhiges Pferd voranzuschicken, wenn ein anderes sich etwa vor einem Holzstoß oder einer Sitzbank fürchtet oder nicht ins Wasser will.
Hier spielt Dir zudem der Herdentrieb in die Hände, denn das unsichere Pferd wird sich immer dafür entscheiden, bei seinen Artgenossen zu bleiben, da diese ihm Sicherheit geben.

- **Erfahrungen**
  Ein weiterer wichtiger Faktor ist das Lernen aus Erfahrungen bei Pferden. Wenn sie eine Situation oder ein Geräusch mit unangenehmen Empfindungen verknüpfen, werden sie weiterhin eine Vermeidungsreaktion zeigen. Dies funktioniert aber ebenfalls andersherum: Machen sie beispielsweise die Erfahrung, dass etwas angenehm ist, so werden sie in diesen Situationen entspannt reagieren. Wer seinen Youngster beispielsweise die ersten Male aufs Turnier mitnimmt, um ihm dort die Kulisse in Ruhe zu zeigen und ihn dann neben den Plätzen grasen zu lassen, der wird dort später in der Regel ein gelassenes Pferd haben.
  Unter den Oberbegriff Erfahrungen gehört auch das Thema Motivation. Pferde werden gerne gelobt, sie mögen es, ihrem Menschen zu gefallen. Deshalb solltest Du darauf achten, so viel wie möglich zu loben. Die Devise lautet: So viele Gelegenheiten zum Loben schaffen wie möglich, auch vermeintliche Kleinigkeiten annehmen und positiv bestärken. Das kannst Du per Stimme tun, aber auch ein Leckerli kann nützlich sein. Hier solltest Du aber stets darauf achten, dass Dein vierbeiniger Partner nicht anfängt aufdringlich zu werden oder das Futter sogar durch Betteln einzufordern.
  Mit der richtigen Dosierung von Aufgaben und Lob sowie einem guten Timing wirst Du ein Pferd haben, das motiviert ist, mit Dir zusammenzuarbeiten und schon bald anfragt, was es für Dich tun kann.

- **Wiederholungen**

  Was hilft uns dabei, unseren Job gut und schnell zu erledigen? Routine. Du hast es sicherlich selbst schon öfter erlebt, dass die ersten Wochen bei einer neuen Arbeit der pure Stress sind. Alles ist neu, man muss immer wieder nachfragen und überlegen. Je mehr Routine wir bekommen, desto entspannter und schneller können wir die Tätigkeiten erledigen. Parallel werden wir zunehmend selbstsicherer. Pferden ergeht es ähnlich.

  Die ersten Fahrten mit dem Anhänger sind beispielsweise sehr aufregend und herausfordernd für ein Pferd. Es muss erst lernen, wie es sich während der Fahrt am besten ausbalanciert. Doch je öfter sich diese Situation wiederholt, desto besser kommt ein Pferd schließlich damit klar.

  Wiederholungen sind auch wichtig, wenn Du einem Pferd neue Lektionen beim Reiten beibringen willst. Hier sind Wiederholungen wichtig, damit das Tier die Zusammenhänge begreift (bei Hilfe xy diese Lektion ausführen). Aber Vorsicht! Bitte übertreibe es nicht mit den Wiederholungen, manche Leute finden kein Ende und das Pferd lernt nur, dass der Stress bei dieser Lektion nicht aufhört. Bedenke also bei neuen Übungen und Lektionen immer, dass ein Pferd sich nicht lange am Stück konzentrieren kann. Viele Reiter neigen dazu, Dinge immer wieder noch einmal zu üben, in der Hoffnung, mit einer perfekten Ausführung enden zu können. Dummerweise verliert das anfangs noch willige Pferd zusehends an Konzentration und Kraft mit dem Effekt, dass die Ausführung der Übung leider immer schlechter wird. Am Ende hören sowohl Pferd als auch Reiter komplett frustriert auf. Lernziel? Verfehlt.

  Der Grundsatz ist daher bei der Pferdeausbildung ganz klar: Weniger ist mehr.

Zu guter Letzt noch ein Punkt, den ich für sehr wichtig halte: Bitte versuche, Dein Pferd so viel und so oft wie möglich mit

Umweltreizen zu konfrontieren. Also raus aus der verschlossenen Halle! Denn je mehr das Pferd Umwelteinflüssen ausgesetzt ist, desto besser und schneller kann es lernen, dass diese nicht gefährlich sind. Vor allem wenn Du ein „nach außen orientiertes" Pferd hast, solltest Du ihm so viel wie möglich die Außenwelt zeigen. Hier ist außerdem auch sein natürlicher Lebensraum.

## Der Mensch formt das Pferd!

Du hast nun bereits viel darüber erfahren, wieso Bodenarbeit das Vertrauen zwischen Mensch und Pferd stärken kann und sie eine wunderbare Sache ist, um den vierbeinigen Partner zum Nachdenken zu kriegen. Doch Bodenarbeit, richtig gemacht, kann sogar noch mehr. Sie kann Dir nämlich auch dabei helfen, Dein Pferd zu gymnastizieren und das ist von allergrößter Bedeutung, wenn Du Wert darauf legst, Dein Pferd gesunderhaltend zu trainieren. Denn wenn es Dich lange Jahre ohne Probleme tragen können soll, ist Gymnastizierung unglaublich wichtig.

Viele Leute verdrehen bei dem G-Wort häufig schon die Augen, vor allem überzeugte Freizeitreiter, die ja „nur" mit ihrem Pferde-Partner ein wenig durchs Gelände reiten wollen und vielleicht mal einen Wanderritt machen. Für sie hat Gymnastizierung etwas mit dem Gereite auf Turnieren zu tun. Und schon haben sie Bilder vor Augen, wo Pferde hyperflexioniert werden, sie scharfe Gebisse oder Schlaufzügel tragen, die Reiter mit den Sporen solange in die Seite des Tieres bohren, bis das Fell blank liegt. Genau das will man ja nicht! Man möchte doch nur gemütlich im Wald herumreiten, vielleicht mal über ein Stoppelfeld. Dressur? Bloß nicht! An den Zügel stellen und über den Rücken reiten? Auf gar keinen Fall, das ist doch alles Zwang! Außerdem ist Dressurreiten sooo anstrengend und langweilig ...

Leider haben irgendwie alle Dinge, bei denen es irgendwie um großes Geld geht, die Tendenz, unschön zu werden. Schließlich soll in kürzester Zeit möglichst viel erreicht werden. Doch das soll nicht die modernen Turniersport-Auswüchse rechtfertigen, die auch ich als höchst problematisch sehe. Dennoch bin ich davon überzeugt, dass das Pferd schon aus anatomischen Gründen ein Recht darauf hat, so bearbeitet zu werden, dass es uns lange Zeit gesund und zufrieden tragen kann. Sprich Gymnastizierung ist wirklich wichtig. Wer auch nur einmal das Glück hatte, auf einem durchlässigen Pferd zu sitzen, wird dies nachvollziehen können. Dieses Gefühl ist einfach unbeschreiblich und macht absolut süchtig, denn dann stellt sich tatsächlich so etwas wie ein Zentaur-Gefühl ein.

Das Pferd bzw. der Pferderücken wird gerne mit einer Hängebrücke verglichen, die auf der einen Seite am Widerrist und auf der anderen quasi an der Kruppe aufgehängt ist. Dort wo unglücklicherweise der tiefste Punkt dieser Hängebrücke ist, kommt der Reiter zum Sitzen. Wie reagiert dann ein untrainiertes bzw. unwilliges Pferd? Es nimmt den Kopf hoch und die Hinterhand schlurft hinten raus – dadurch sackt die Hängebrücke noch weiter durch.

**Übung**

- Wenn Du einmal nachempfinden möchtest, wie sich so etwas anfühlt, kannst Du Dich einmal in den Vierfüßlerstand auf dem Boden gehen. Erst mit geradem oder aufgewölbtem Rücken, dann gehst Du ins Hohlkreuz. Das fühlt sich meist schon ziemlich unangenehm an. Falls Du ein Kind hast, kannst Du es bitten, sich nun noch genau auf dieses Hohlkreuz zu setzen. Wie fühlt sich das an für Dich?
- Machen wir nun die Gegenprobe: Mach unter Deinem kleinen „Reiter“ den Rücken erst gerade und spüre nach. Dann wölbst Du den Rücken auf – wie fühlt sich das an?

Um die Hängebrücke so „aufzuziehen“ (= das Pferd wölbt den Rücken auf), muss was passieren? Das Pferd sollte den Kopf senken und zugleich das Becken beugen, d.h. mit der Hinterhand unter den Schwerpunkt treten. So kann es die Last auf seinem Rücken am besten tragen.

So ist das Grundprinzip. Doch eine Kleinigkeit macht das Ganze am Ende doch ein wenig schwieriger. Wie wir Menschen auch, gibt es bei Pferden Rechts- und Linkshänder. Das heißt: Die Muskulatur auf der einen Körperseite ist etwas verkürzt, auf der anderen dagegen etwas gedehnt. Als Ursache hierfür wird meist die Lage im Mutterleib vermutet. Das ist der Grund, wieso ein Pferd auf der einen Seite mehr auf dem Zügel zu hängen scheint als auf der anderen. Auf der hat man dagegen das Problem, dass es über die äußere Schulter in einer Wendung gerne wegdriftet. Dieses Phänomen wird als natürliche Schiefe bezeichnet.

Du kannst Dir sicherlich beim Pferd hinsichtlich Schub- und Tragkraft lebhaft vorstellen, wie anstrengend es sein muss, wenn beide Hinterbeine nicht die gleiche Arbeit übernehmen. Eins ist eher „faul“, das andere dagegen wird tendenziell „überbelastet“. Durch die natürliche Schiefe kann also die Energie aus der Hinterhand nicht genügend nach vorne übertragen werden. Was ist die Lösung?

Die meisten Leute ergeben sich hier in ihr Schicksal, denn an diesem Punkt wird die Reiterei langsam spannend. Jetzt kommt nämlich die ominöse Geraderichtung ins Spiel. Ominös, weil viele Pferdemenschen sich mit dem Prinzip etwas schwertun, wenn man es ihnen nicht vernünftig erklärt. Denn wodurch kann ein Pferd geradegerichtet werden? Durch die Seitengänge.

Und allerspätestens jetzt steigen die meisten gedanklich aus. Wie soll das denn gehen? Geraderichten, indem man von krumm nach schief reitet? Faszinierenderweise ja.

Denn was musst Du tun, um ein Pferd geradezurichten? Du musst es schaffen, die Hinterbeine so unter Kontrolle zu haben, dass beide gleichmäßig unter den Schwerpunkt (also quasi Dein Gewicht) treten. Mit welchen Übungen kann ich einem Pferd am besten beibringen, die Hinterhand so zu verschieben, wie ich das mit meinem Schenkel anfrage? Die 100 Punkte Antwort: mit Seitengängen.

Genauer geht es um die „echten“ Seitengänge (Schulterherein, Travers, Renvers), die zudem auch durch Biegung und Stellung die komplette Gymnastizierung des Pferdes ermöglichen. Die Vorhandswendung dient zur Vorbereitung, denn bei dieser Übung wird dem Pferd sowie dem noch wenig erfahrenen Reiter die

Wirkung des seitwärts treibenden Schenkels erklärt. Der nächste Schritt ist das Schenkelweichen. Obwohl es hier schon mit einer Abstellung im 45 Grad Winkel seitwärts geht, handelt es sich hierbei nicht um einen Seitengang. Der Grund: Bei einem Seitengang ist das Pferd gebogen (also im ganzen Körper, hierzu gehört auch die leichte Stellung im Genick), beim Schenkelweichen ist es gerade im Körper.

Jetzt die gute Nachricht: Du kannst Dein Pferd auch hervorragend mittels Bodenarbeit gymnastizieren! Denn es gibt zahlreiche Übungen, mit deren Hilfe Du Punkte wie Biegung und Geraderichtung erarbeiten kannst und ihr zwei habt auch noch Spaß dabei! Sogar erste versammelnde Lektionen sind am Boden möglich, und Du kannst Deine Ergebnisse häufig beim Reiten aufgreifen und darauf aufbauen.

Das ist der Grund, warum Bodenarbeit eine so großartige Sache auch (oder gerade) für Pferde in einer längeren krankheitsbedingten Auszeit sind. Du kannst sie so fit und geschmeidig halten und sorgst zudem für interessante Abwechslung. Gar nicht mal übel, oder?

Abbildung 3: Bodenarbeit macht allen Beteiligten Spaß.

## Am besten von klein an!

Corinna (58), Reitlehrerin:

„Ich habe mein erstes eigenes Pferd gekauft, als es 6 Monate alt war. Sudden Love – gerufen Seppel.

Ich habe ihn kennengelernt, als er gerade den ersten Tag von der Mutterstute weg war. Der Absetzer stand in einer Box und seine ganze Körpersprache zeigte, wie furchtbar er alles gerade fand. Am nächsten Tag habe ich das Fohlen gekauft.

Die ersten zwei Jahre durfte er einfach Pferd sein und sein Leben auf der Wiese genießen. Nebenbei habe ich ganz langsam und behutsam angefangen, ihm das Jungpferde 1x1 beizubringen, also ihn an solche Sachen wie Putzen und Führen gewöhnt. Ich hatte ja Zeit! Als das auf dem Hof, hinter dem Haus funktionierte, haben wir unseren Radius langsam erweitert. Wir haben angefangen, das Dorf zu erkunden, haben den Wald erobert und vieles mehr. Damit es nicht so langweilig wurde für den Jungspund, habe ich nach und nach immer wieder kleine Übungen eingebaut, etwa rückwärtsgehen, stehenbleiben ohne rumzappeln ...

Als Seppel 2,5 Jahre alt war, mussten wir dann den Stall wechseln. Die Hofbesitzerin musste aus beruflichen Gründen umziehen. Die größte Sorge meiner Stallkollegen war, wie ich es wohl bewerkstelligen würde, den kleinen Kerl auf den Pferdanhänger zu bekommen. Denn das hatten wir in den vergangenen zwei Jahren nicht geübt, weil mir kein Anhänger zur Verfügung stand.

Ich selbst habe mir lustigerweise überhaupt keine Gedanken darüber gemacht. Ich war fest überzeugt davon, dass der kleine Kerl auf den Hänger gehen würde. Schließlich ging er ja auch sonst, ohne zu zögern, überall mit mir hin, warum also nicht auf den Anhänger?

Als der große Tag kam, kamen die anderen aus dem Staunen nicht mehr heraus. Denn das Jungpferd stieg schließlich ohne Probleme mit mir in den Anhänger. Er hatte Vertrauen zu mir. Wenn ich dabei war, konnte ihm nicht einmal der enge Anhänger wirklich Angst machen!“

## Das kleine 1x1 der Bodenarbeit

Bevor es jetzt endlich richtig losgeht mit den Bodenarbeitsübungen, möchte ich unbedingt kurz noch etwas Grundlegendes klären. Ich hatte ja schon angemerkt, dass in einer Pferdeherde immer derjenige den höheren Rang hat, der den anderen bewegt, also z.B. vom Futter wegscheucht oder unmissverständlich deutlich macht, wem der Schattenplatz nun gehört. Wenn wir also dem Pferd vermitteln möchten, dass wir derjenige sind, der den Hut aufhat, dann sollten wir unbedingt darauf achten, dass wir das Pferd bewegen und nicht umgekehrt.

Optimal wäre es beispielsweise, wenn Dein Pferd zu Dir kommt, wenn Du es von der Wiese oder vom Paddock holst. Okay ist es, wenn Du es zwar holen musst, aber es zumindest nicht weggeht, wenn Du mit dem Halfter kommst. Zeigt es Dir den berühmten Stinkefinger und verdrückt sich, wenn Du es holen willst, dann ist das eine Abstimmung mit den Füßen und sie geht offensichtlich nicht so positiv für Dich aus. Aber bitte keine Sorge! Das kannst Du ändern und Du bist gerade dabei den ersten Schritt zu tun.

Weil es im Folgenden häufiger darum gehen wird, das Pferd bzw. bestimmte Körperteile des Tieres „anzusprechen", um das Ziel der Lektion zu erreichen, möchte ich kurz noch einmal die einzelnen Begriffe erläutern.

Der Pferdekörper wird grob aufgeteilt in drei Bereiche:

## Vorhand – Mittelhand – Hinterhand

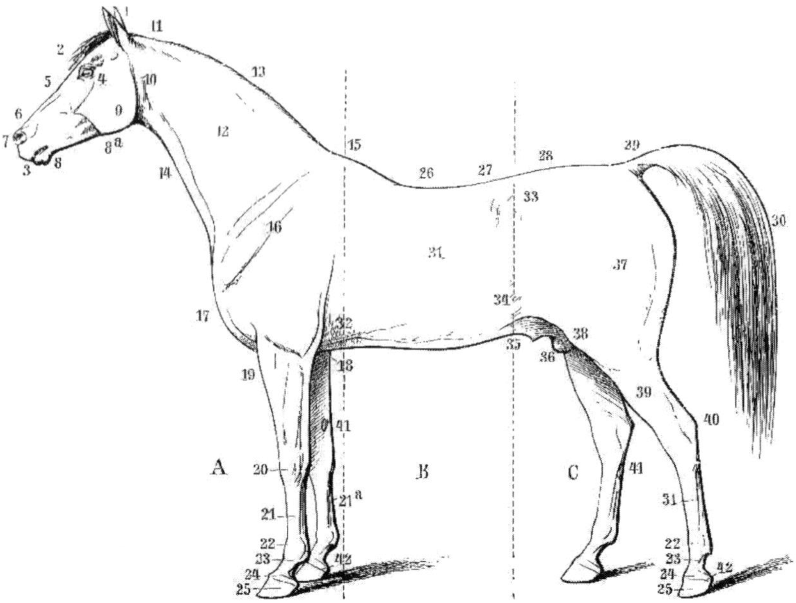


Abbildung 4: Die drei Körperpartien des Pferdes (mit Strich getrennt).

Wenn ich das Pferd bewegen will, etwa um es weichen zu lassen oder Seitengänge zu erarbeiten, ist es wichtig, dass ich weiß, welchen Teil des Pferdes ich überhaupt ansprechen sollte.

- Die Vorhand ist der Teil des Pferdes, der sich vor dem Reiter bzw. dem Sattel befindet. Also Kopf, Hals, Vorderbeine sowie Schultern. Befinde ich mich etwa beim Longiere auf Höhe der Vorhand, so wirkt mein Körper verhaltend auf das Pferd (Ich blockiere es gewissermaßen und bremse es dadurch. Die größtmögliche Bremswirkung würde ich haben, wenn ich mich direkt frontal vor den Pferdekopf positioniere.). Des Weiteren kann ich so gut auf Kopf, Hals und Schulter einwirken.

Abbildung 5: Position: An der Vorhand des Pferdes.

- Als Mittelhand wird der Bereich bezeichnet, auf dem der Reiter sitzt. Also vom Widerrist bzw. der Schulter bis hinter den Rippenbogen. Die Mittelhand reicht bis vor den Oberschenkel des Pferdes. Beim Longieren stellt die Position auf Höhe der Mittelhand die neutrale Grundposition dar.

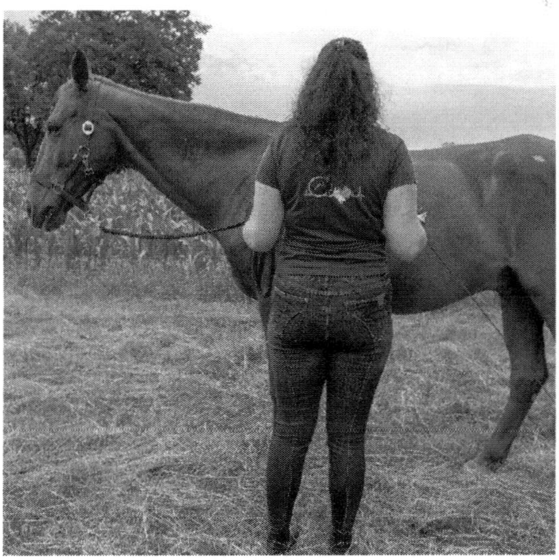

Abbildung 6: Position: Mittelhand des Pferdes (etwa auf Gurthöhe).

- Die Partie vom Oberschenkel bis zum Schweif ist die Hinterhand. Da diese auch der „Motor des Pferdes" ist, wirke ich vortreibend, wenn ich mich auf Höhe der Hinterhand begebe. Je mehr ich hinter das Pferd komme, desto stärker wirke ich vortreibend. Gleichzeitig ermöglicht mir ein explizites Touchieren der Hinterhand, diese gezielt zu bewegen.

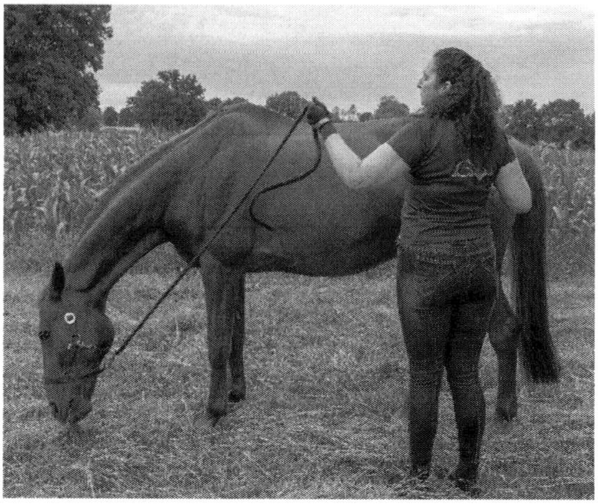

Abbildung 7: Position: Hinterhand des Pferdes.

## Die Ausrüstung

Gerade im Internet bekommt man leicht den Eindruck, dass man nur mit speziellem Equipment wirklich richtig Bodenarbeit machen kann. Da muss dann ein patentiertes Kopfzeug her, ein ganz spezieller Führstrick mit der angeblich bestmöglichen Länge und aus speziellem Material, mit dem schon die Ältesten der Inuit unter Wasser mit ihren Pferd handgeklöppelt haben. Oh, und natürlich ein knallorangener „Karottenstecken". Sonst geht garantiert nichts.

Ich kann dazu nur sagen, dass mich die wirklich sensationelle Marketing- und Werbearbeit solcher Bodenarbeitsgurus immer wieder zutiefst beeindruckt. Respekt! Ansonsten bin ich allerdings der Meinung, dass es auch hervorragend ohne so einen „Schnickschnack" geht. Für den Einstieg in die Bodenarbeit reichen ein „normales“ Halfter und ein Strick, eine handelsübliche Gerte kann zur Unterstützung gute Dienste leisten. Ich bevorzuge Modelle ab ca. 110 cm, damit kann ich dann bei Bedarf auch die Hinterhand des Pferdes erreichen. Was jedoch auf keinen Fall fehlen sollte, sind Handschuhe und feste Schuhe. Das ist einfach eine Frage der Sicherheit, denn auch die weichesten Stricke hinterlassen hässliche Brandblasen in Händen, wenn der Vierbeiner doch mal andere Pläne haben sollte. Und Zehen sind erstaunlich zerbrechlich, jedenfalls wenn einem 600 Kilo Meter aus Versehen darauf springen.

Ich entspanne nach der Zeit bei meinem Pferd einfach so viel lieber bei mir Zuhause auf dem Sofa, als in irgendeiner Arztpraxis zu sitzen.

- **Halfter**
  Beim Halfter solltest Du darauf achten, dass es gut an dem Pferdekopf angepasst ist. Es darf nicht zu fest anliegen, aber auch nicht zu locker. Das Nasenteil soll in der Mitte des Nasenrückens zum Liegen kommen nicht zu tief, damit es die empfindlichen Nüstern nicht einschnürt. Inzwischen sind diese extrem puscheligen Halfter in Mode gekommen, die überall mit Fell oder Plüsch unterlegt sind. Diese finde ich für die Bodenarbeit eher ungeeignet, da hier die Hilfen sehr schwammig durchkommen und wir unpräzise einwirken. Insofern stören kuschelige Accessoires tendenziell eher die Kommunikation, auch wenn sie vielleicht schick aussehen.
  Ich persönlich bin kein Freund von Knotenhalftern, da die Knoten auf wichtige Nervenpunkte am Kopf des Pferdes zu liegen kommen. Diese müssen daher sehr genau angepasst sein und wirken deutlich schärfer, als ein „normales“ Halfter. Wer schon einmal das Pech hatte, das ihm jemand auf einen Nervenknotenpunkt gedrückt oder gepiekt hat, wird wissen, was ich meine.
  Ein ganz normales Halfter aus Gurtmaterial reicht. Es ist zum einen günstig in der Anschaffung, und zum anderen sind solche Halfter meist nahezu scheuerfrei. Daher

verwende ich sie auch besonders gerne, falls ein Pferd einmal für längere Zeit ein Halfter, z.B. auf der Weide, tragen soll.

- **Führstrick**
  Als Führstrick reicht ein herkömmlicher Strick aus Nylon. Es gibt auch Stricke aus Baumwolle, die zwar angenehm weich in der Hand liegen, aber oftmals sehr dick und zudem sehr dehnbar sind. Da durch das dehnbare Material Unterstützung oder auch das Einwirken auf die Nase des Pferdes nicht schnell genug und auch nicht präzise genug erfolgen können, würde ich eher zu einem Nylonstrick raten.
  Zu einer regelrechten Glaubensfrage hat sich inzwischen die Entscheidung „Karabiner oder Panikhaken?“ entwickelt. In den Trainerkursen für Bodenarbeit der FN wird aktuell gelehrt, dass Panikhaken lediglich zum Anbinden eines Pferdes verwendet werden sollten, da sie bei großer Zugbelastung aufgehen. Insofern wird ein Strick mit Karabiner für die Bodenarbeit empfohlen.
  Aus eigener Erfahrung kann ich lediglich dazu sagen, dass meiner Kenntnis nach Panikhaken nur dann von selbst geöffnet haben, wenn sie sehr alt und abgenutzt waren. Ansonsten sind sie höchstens gebrochen, was daran liegt, dass sie bei der Herstellung gegossen werden – wie auch Karabinerhaken. Bei diesem Prozess werden im Material häufig kleine Luftbläschen eingeschlossen, die eine potenzielle Sollbruchstelle darstellen.
  Gerade wer schon einmal ein Pferd erlebt hat, das sich am Anbinder „festhängt“ und in Panik gegen den Strick angeht, ist dankbar für einen Panikhaken, der sich unproblematisch und schnell mit zwei Fingern öffnen lässt. Einen Karabiner könnte man in so einer Situation nicht lösen, da er sich nicht aus dem Halfterring aushaken ließe.

- **Handschuhe**
  Gerade wenn ich mit einem jungen Pferd trainiere, sind Handschuhe ein absolutes Muss! Ein Pferd kann als Fluchttier immer mal erschrecken, ein unerfahrenes wird das in der Regel sogar noch eher tun, vielleicht weil es generell unsicher ist, oder es erschreckt sich, weil ihm die Reithalle oder der Reitplatz noch nicht so vertraut ist. Hier verhindern griffige, gut sitzende Handschuhe, dass mir der Strick bei einem zur Seite springen des Pferdes durch die Hände rutscht und ich das Pferd deswegen loslassen muss. Wer ohne Handschuhe nicht loslässt und den Strick durch die Hände gezogen bekommt, kann äußerst hässliche und langwierige Brandblasen davontragen.
  Aber ganz wichtig: Die Sicherheit des Menschen geht immer vor! Solltest Du merken, dass Du das Pferd nicht halten kannst, oder besteht die Möglichkeit, dass Du beim Toben des Pferdes in Gefahr kommst, lasse immer los!

- **Feste Schuhe**
  Festes Schuhwerk, das gut am Fuß sitzt, ist wichtig bei der Bodenarbeit, damit Du stets einen festen Stand hast. Bei Bodenunebenheiten kann es sonst schnell passieren, dass Du ins Straucheln kommst und so den Kontakt zum Pferd verlierst. Alternativ besteht die Möglichkeit, dass das Pferd erschreckt und zur Seite springt (im schlimmsten Fall auf Dich drauf).
  Abgesehen davon minimiert festes Schuhwerk auch die Gefahr, dass Dich ein zappelndes oder ungeschicktes Pferd verletzt, wenn es Dir aus Versehen auf die Füße springt.

- **Gerte**
  Die Gerte übernimmt bei der Bodenarbeit die Aufgabe eine „Zeigestocks", sie darf natürlich auch mal zum Bremsen oder zum Auffordern dienen, aber niemals zum Strafen! Wie bereits erwähnt haben sich Gerten ab 110 cm Länge meiner Meinung nach als Unterstützung für die meisten Übungen besonders bewährt.

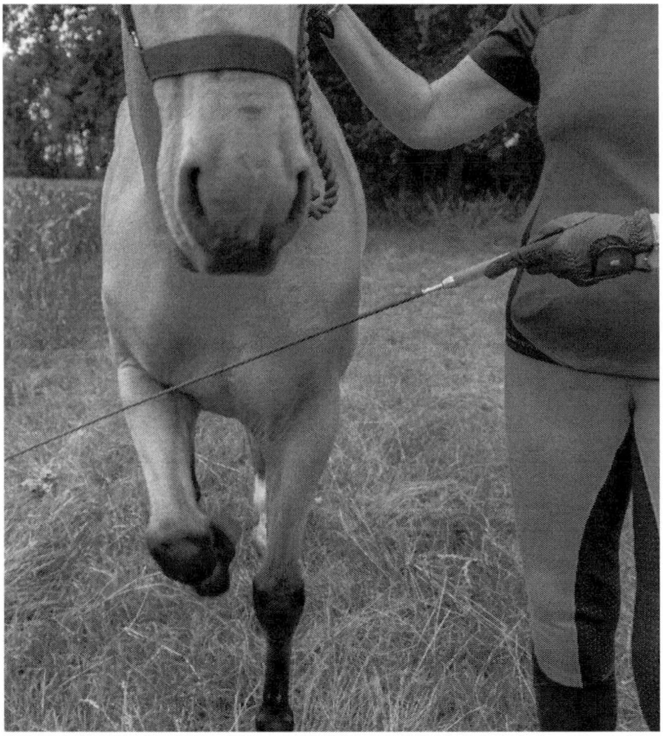

Abbildung 8: Effektive Bremshilfe: Die Gerte vor der Brust stoppt das Pferd. Bei Bedarf kann es zur Erinnerung auch an der Brust touchiert werden.

## Die Hilfen

Im Umgang mit dem Pferd sind die sogenannten „Hilfen“ von besonderer Bedeutung. Für Reiter sind sie die grundlegenden Möglichkeiten, dem Pferd zu vermitteln, was man von ihm möchte. Bei der Arbeit am Boden spielen Hilfen ebenfalls eine wichtige Rolle, allerdings brauchst Du als Fußgänger teilweise andere Optionen als beim Reiten.

Der Name Hilfe sagt eigentlich schon, was damit bezweckt wird: Das Pferd soll so einen Hinweis bekommen, was es für den Menschen tun soll. Es geht also um Kommunikation zwischen Mensch und Tier. Weil das Pferd unsere Sprache nicht sprechen kann, wir aber im Gegenzug auch nicht sonderlich gut darin sind, unsere Stimmung, z.B. über das Ohrenspiel oder das Kräuseln der Nase, zu vermitteln, brauchen wir ein gemeinsames Verständigungssystem. Es ist ein bisschen so, als würde man uns mit auf eine Südseeinsel fliegen, wo niemand Deutsch, Englisch oder eine andere bekannte Sprache spricht. Dennoch werden wir uns zumindest in Bezug auf grundlegende Dinge verständlich machen können. Schließlich gibt es ja auch noch Körpersprache. Halte ich mir die Nase zu, ist jedem auf der Welt sofort klar, dass ich einen Geruch nicht mag. Strecke ich den Arm aus mit aufgestellter Hand, ist das ein klares Signal für Stopp. Stelle ich mich direkt hinter jemanden und rücke ihm auf die Pelle, wird derjenige instinktiv von mir weggehen. Schreie ich ihn dann auch noch an und fuchtele wild mit den Armen, werde ich ihn sicherlich von mir wegtreiben, selbst wenn derjenige kein Wort von dem begreift, was ich sage. Je länger und besser wir uns kennen, desto feinere Signale sind möglich und desto eher verstehen wir Begriffe der unbekannten Sprache. Pferden geht es ähnlich.

Beim Reiten gibt es folgende Hilfen, mit denen man sich dem Pferd verständlich machen kann: Zügelhilfe, Schenkelhilfe (die Gerte dient der Unterstützung der Schenkelhilfe), Gewichtshilfe oder Stimmhilfe. Diese Hilfen können dem Pferd diverse Sachen vermitteln: Sie weisen ihm die Richtung, bremsen, schicken nach vorne, seitwärts, rückwärts, beruhigen es, muntern es auf usw. Manchmal reicht eine einzige Hilfe aus, manchmal muss es zu einem „Konzert der Hilfen" kommen, um sich dem Pferd verständlich zu machen.

Der entscheidende Grundsatz ist dabei stets: Hilfen sollen so fein wie möglich gegeben werden! Dabei hängt die Stärke immer vom jeweiligen Pferd ab. Ist es eher ein gemütlicher Typ oder achtet es nicht auf den Menschen, kann es erforderlich sein, dass die Hilfe insgesamt nachdrücklicher ausfällt. Im Gegenzug reicht es bei sensiblen Pferden häufig schon, eine wirklich federleichte Hilfe zu geben. Aber immer ist darauf zu achten, dass die Hilfen nach und nach leichter ausfallen können.

Das heißt aber nicht, dass man „mit Wattebäuschen" wirft! Ich sehe es selber immer wieder in der täglichen Arbeit mit Reitschülern, dass diese von Anfang an besonders feine Hilfen geben wollen, die Pferde aber einfach drüber weg büffeln. Ein wichtiger Grundsatz ist: Man erzieht sich ein Pferd fein. Sprich: Zu Beginn kann es nötig sein, eine Hilfe auch einmal sehr deutlich zu geben, um dem Pferd klar zu machen, dass es besser schon auf eine feine Hilfe reagiert. Dies klingt erst einmal sehr martialisch, weshalb ich von vielen Reitern dann erst einmal ungläubig angesehen werde, aber das Prinzip entspricht letztlich „pferdischer" Denke. In Natura sieht das wie folgt aus: Zunächst wird, z.B. die Schenkelhilfe, so fein gegeben, wie man sie gerne hätte. Reagiert das Pferd bereits, ist das wunderbar! Dann ist nichts weiter nötig. Nun kann man loben (also positiv verstärken) und sich freuen. Tut das Pferd so, als hätte es das Kitzeln am Bauch nicht bemerkt (Und das hat es garantiert. Immerhin bemerkt es jede noch so kleine Fliege auf der Haut.), gebe ich die Hilfe noch einmal etwas intensiver. Könnte ja theoretisch ein Versehen sein. Kommt auch jetzt keine Reaktion, werde ich kurzfristig SEHR deutlich! Unser Herdenchef „Kalle" würde es nicht anders machen auf dem Paddock. Eine Chance hat bei ihm jeder, aber dann wird er deutlich.

So lernt das Pferd binnen kürzester Zeit, dass es sich wirklich lohnt, auf feine Signale des Menschen zu reagieren. So kommt man zu feinem Reiten oder auch feinem Umgang am Boden. Das Pferd muss schlicht und ergreifend erst einmal lernen, dass es sinnvoll ist, auf den Menschen zu achten und ihm zuzuhören.

Während die reiterlichen Hilfen eigentlich nahezu jedem Reiter präsent sind (oder zumindest sein sollten), bestehen in Bezug auf die Arbeit am Boden häufig gewisse Unklarheiten oder Missverständnisse. Daher hier ein paar Erläuterungen zu den wesentlichen Hilfen für eine sinnvolle und effektive Bodenarbeit.

### Die Stimmhilfe

Eine wirklich wichtige Hilfe bei der Bodenarbeit ist die Stimme, denn sie kann deutlich mehr, als nur „Brrrrrr!" zu machen oder „Ruuuuhig, Chico!" zu säuseln.

- Sie wird eingesetzt, um das Pferd zu loben. Ihm also deutlich zu machen, dass es etwas sehr gut gemacht hat und wir uns freuen.
- Sie dient dazu, das Pferd aufmerksam zu machen, etwa auf eine bestimmte Übung oder Lektion.
- Sie macht dem Pferd auch klar, dass ich ein bestimmtes Verhalten nicht möchte. Sie kann Dinge verbieten.

### Wie setze ich die Stimme ein?

Die Stimme ist vielfältig einsetzbar. Kein Wunder, denn die menschliche Stimme hat bei Bedarf unglaublich zahlreiche Nuancen. Sie ist laut oder leise und dazwischen gibt es noch etliche Abstufungen. Sie ist hell oder guttural; aufmunternd und beruhigend; fröhlich, traurig, wütend, nachdenklich und vieles mehr. Und das sind nur einige Optionen! Da gibt es je nach Situation und Person noch diverse weitere Varianten.

Die wichtigsten Varianten sind aber im Umgang mit unserem vierbeinigen Partner loben, beruhigen oder zurechtweisen. Beim Loben darf die Stimme überschwänglich klingen. Sie soll dem Pferd das Gefühl geben, dass es etwas ganz großartiges getan hat und der Mensch sich darüber freut. Die meisten Pferde wollen nämlich gefallen (immerhin sind es ja Herdentiere, die ein Interesse daran haben, mit ihren Sozialpartnern einen guten Kontakt zu haben)! Gute Wörter zum Loben haben helle Vokale und/ oder sind möglichst kurz. Klassiker sind etwa: fein, brav, gut gemacht, super.

Wenn ich ein Pferd beruhigen will, z. B. weil es aufgeregt ist, tue ich dies mit tiefer Stimme. Einige greifen dann besonders gerne auf das aus der Western-Reiterei stammende „Whoooohoooo“ zurück. Mein persönlicher Favorit ist das gute, alte „Ruuuuhig“.

Um einem Pferd klar zu machen, dass ein Verhalten nicht erwünscht ist, darf die Stimme auch mal etwas schärfer sein. Ein kurzes, strenges „Nein!“ oder ein „Lass das““, lassen das Pferd aufhorchen.

Dabei ist von großer Bedeutung, dass die Stimmhilfe und die Körpersprache des Menschen im Einklang sind. Für Pferde ist es von allergrößter Bedeutung, dass wir authentisch sind, was uns bisweilen leider etwas schwerfällt. Vielleicht hast Du auch schon einmal so etwas beobachtet: Der Mensch sagt zu dem Pferd „Vorwärts“. Seine Körperhaltung sagt aber unmissverständlich: „Ach, nein, bleib bitte lieber stehen, mir ist nicht wohl bei der Sache.“. Für das Pferd eine verwirrende Situation: Denn es bekommt zwei komplett gegensätzliche „Anweisungen“. Wie soll es sich verhalten?

Im besten Fall bleibt es stehen und schaut den Menschen verwirrt an. Im schlechtesten Fall versucht es, sich durch Flucht der Situation zu entziehen. Es ist komplett überfordert, sich die richtige Anweisung aus zwei unterschiedlichen Kommandos heraus zu filtern. Was tut es dann gerne? Es wählt Variante drei und sucht Zuflucht bei seinen Pferdekumpels. Die kann es wenigstens immer verstehen.

## Die Körpersprache des Menschen

Eine Hilfe, die meist völlig unterschätzt ist, ist die Körpersprache des Menschen. Dies ist deshalb manchmal wirklich fatal, weil Pferde (als Herdentiere) wirklich unglaublich gute Beobachter sind. Sie nehmen die kleinsten Bewegung wahr, lesen in unseren Gesichtern, interpretieren unsere Körperspannung und registrieren sogar winzige Veränderungen unserer Atmung. Wer glaubt, dass er einfach tief durchatmen muss, wenn er beim Stall aus dem Auto steigt, um den Ärger des Tages abzuschütteln, der könnte Schiffbruch erleiden. Und vielleicht erwartet denjenigen heute in der Box oder auf dem Paddock ein Pferd, das ihm oder ihr ganz klar den Stinkefinger zeigt und lieber weg geht.

Blöder Zosse? Nein, ganz sicher nicht!

Eine Körperhaltung ohne eine gewisse Grundspannung, ein zusammengesunkener Oberkörper, ein schleppender Gang, eine piepsige Stimme, alles das signalisiert dem Pferd beispielsweise, dass der Mensch, der da vor ihm steht, ein unsicheres Lebewesen ist. Dass sich dieser Mensch gerade so gar nicht wohl in seiner Haut fühlt.

Drehen wir den Spieß einfach mal um: Wenn Du jetzt ein Lebewesen wärst, für das Sicherheit vor potenziellen Fressfeinden überlebensnotwendig ist, würdest Du Dich auf so einen Menschen verlassen und ihm vertrauensvoll folgen? Wohl eher nicht. Warum auch?

Besitzt der Mensch dagegen eine große Körperspannung, zappelt aufgeregt herum, gestikuliert mit unruhigen Händen, spricht sehr laut und vielleicht sogar etwas kreischig und rückt dem Pferd dann auch noch zu dicht auf die Pelle, wird das Pferd diesem Menschen auch nicht folgen wollen. Auch dieses Extrem verunsichert das Pferd, verschreckt es sogar, sodass das Pferd vor diesem Menschen eher fliehen möchte, als ihm zu folgen.

Wie präsentiert sich nun aber ein Mensch, dem ein Pferd gerne folgt, weil er vertrauenerweckend ist, authentisch, präsent und gelassen? Ganz klar: So jemand hat eine bestimmte, aber ruhige Art und eine aufrechte Körperhaltung. Er hat ein sicheres Auftreten, ist ganz bei sich und seiner selbst sicher und bewusst. Das Pferd fühlt sich bei diesem Menschen wohl. Es wird so eine Person ohne große Probleme als verlässlichen „Chef" akzeptieren und Anschluss bei ihm suchen.

„Chef" zu sein, bedeutet also nicht, ein lautes Organ zu haben oder herumzuschreien, das Pferd körperlich zu bedrängen oder „weichgespült" mit dem Pferd zu agieren. Ein guter „Chef" ist sicher, souverän und weiß, wo es lang geht, ohne diktatorisch oder grob und sogar brutal zu sein. Gemeint ist Selbstbeherrschung im besten Sinne.

Das Pferd lernt nämlich sehr schnell die Körpersprache des Menschen und folgt oder weicht ihm dann, indem es den Menschen genau beobachtet und ganz schnell einschätzen kann, was der Mensch von ihm will.

Am Anfang des Bodenarbeitstrainings benötige ich sicher oft die Stimme und auch die Gerte, um das Pferd zu leiten.

Je mehr das Pferd die Signale des Menschen zu deuten weiß, umso weniger benötigt der Mensch die Stimmhilfe.

## Die Gerte

Die Gerte habe ich ja bereits beim Thema Ausrüstung ein wenig erläutert. Für mich ist sie tatsächlich ein wesentliches Hilfsmittel bei der Bodenarbeit. Sie leistet mir nicht nur gute Dienste, wenn ich das Pferd zu einem etwas flotteren Tempo auffordern möchte, sondern ebenfalls, wenn ich es etwas herunterregulieren oder anhalten möchte. Dann brauche ich die Gerte nur vor die Brust des Pferdes zu halten. Falls das nicht ausreicht, kann ich es kurz an der Brust touchieren und so zum besseren Hinhören animieren. Die Gerte ist für mich insofern eine Verlängerung meiner Hand.

Das setzt sich fort, wenn ich ein Pferd seitwärts schicken will oder eine solche Bewegung beenden möchte. Denn ich kann das Stöckchen ebenfalls als Stopp-Signal nutzen.

Falls Dein Pferd die Gerte nicht gewohnt ist und sich anfangs vor ihr womöglich sogar fürchtet, solltest Du behutsam vorgehen. Überfalle es nicht mit dem Einsatz der Gerte, sondern „erkläre“ ihm erstmal, dass die Gerte lediglich ein ungefährliches Hilfsmittel beim Training ist. Dazu solltest Du Dein Pferd erst einmal vorsichtig mit der Gerte an allen Körperteilen (ausgenommen der Kopf) abstreichen. Zeige Deinem Vierbeiner zunächst die Gerte. Es darf sie ruhig beschnuppern. Dann beginnst Du, es mit langen, behutsamen Strichen mit der Gerte abzustreichen. Man könnte dies auch mit einem Streicheln per Gerte bezeichnen. Starte mit der einen Seite, vielleicht an der Schulter bis hinunter zur Vorderröhre, dann folgen der Rücken, die Seite und der Bauch, dann die Kruppe, die Schenkel und die Beine. Jetzt kommt die andere Seite. Sprich ruhig mit dem Pferd und entspanne es so. Falls es sehr ängstlich ist, kann auch ein Leckerli gute Dienste leisten.

In der Regel wird die Gerte dann von den meisten Pferden ohne Probleme akzeptiert.

## Der Einsatz von Leckerlis

Die einen schwören drauf, die andern verteufeln sie: Leckerlis zur Belohnung und Motivation des Pferdes. Das Thema hat sich inzwischen zu einer echten Gretchenfrage entwickelt, sodass sich viele Leute schon kaum noch trauen, Futter beim Pferdetraining einzusetzen. Allerdings nimmt man sich damit eine der besten Optionen, die es gibt. Ich denke, es ist wie bei so vielen Dingen im Leben: Es ist letztlich alles eine Frage des richtigen Maßes.

Wer sich die Taschen vollstopft mit den Schnökereien und seinem Pferd welche gibt, nur weil es gerade so niedlich aussieht oder keinen Quatsch macht, der liegt mit Sicherheit falsch und wird von seinem Vierbeiner ganz schnell zu einer Art Futterautomaten degradiert. Man erkennt solche Leute daran, dass ihnen die Pferde auf die Pelle rücken oder sie ständig halb abgerissene Jackentaschen haben. Die Taschen sind kaputt, weil eine vorwitzige Pferdenase darin nach etwas Leckerem gesucht hat. Das kann es natürlich nicht sein, zumal ich persönlich so ein Verhalten als übergriffig empfinde (Ich bin mir sicher, unser „Kalle" würde jedem anderen Pferd was husten, das seine Nase in seinen Futtereimer steckt, ohne höflich zu fragen.). Außerdem fangen viele Pferde an, das Leckerli recht schnell einzufordern. Das bedeutet, sie machen kurz das vom Menschen Gewünschte und dann kommt sofort die Nase in Richtung Mensch oder der Mensch wird direkt angestupst und das Leckerli eingefordert.

Andererseits sind Leckerlis echte Highlights. Nicht nur, dass das Kauen die Pferde entspannt und sie natürlich sehr motiviert sind, sich einen weiteren Brocken zu ergattern. Es ist auch so, dass ich mich damit zu einer Person mausere, die über wichtige Ressourcen verfügt. Und wer auf entscheidenden Ressourcen, wie z.B. Wasser und Futter, die Hand draufhat, der ist im Leben eines Pferdes eine wichtige Person. Es ist in der Natur die Leitstute, die ihre Herde zu neuen Weidegründen oder zum Wasser führt.

Meine Devise lautet daher: Ich setze Leckerlis eher selten im Training ein und wenn, dann ganz gezielt. Zum einen habe ich im Laufe von vielen Jahren gelernt, dass Pferde ebenso gerne ein Lob mit der Stimme oder ein freundliches Halstätscheln annehmen (Herdentiere mögen und brauchen positive Sozialkontakte!).

Daher macht es für mich am ehesten Sinn, nur kurz mit Leckerlis zu arbeiten bzw. bei besonderem Bedarf an positiver Verstärkung und Ablenkung. Beispielsweise wenn das Pferd an einer Stelle stehen soll, die ihm Angst macht. Da beruhigt das Kauen der Leckerlis das Pferd. Oder wenn ich das erste Aufsitzen bei jungen Pferden übe, dann macht es immer Sinn, das junge Pferd mit etwas Futter abzulenken. Sobald ich aber merke, dass das Pferd nur schnell sein Programm abspult und dann sofort die Belohnung einfordert, stelle ich das Belohnen mit Leckerlis sofort wieder ein! Sie müssen etwas großartiges bleiben, um ihren „magischen“ Effekt zu behalten.

## Die ersten gemeinsamen Schritte

Vielleicht hast Du schon einmal dieses berühmt-berüchtigte Sprichwort gehört:

Was Hänschen nicht lernt, lernt Hans nimmermehr.

Es ist ein Motto, das meinen Eltern immer wieder gepredigt wurde, als sie selbst Kinder waren. Vermutlich haben sie mich deshalb damit zum Glück verschont. Der Hintergedanke dabei: In der Kinderzeit fällt uns Lernen deutlich leichter. Deshalb startet beispielsweise der Fremdsprachenunterricht immer früh, denn eine Vielzahl Pädagogen geht davon aus, dass wir andere Sprachen besser und leichter lernen, je jünger wir sind. Das ist auch der Grund, weshalb es teilweise bereits Englischkurse für Dreijährige gibt und immer wieder die Frühförderung als das Mittel der Wahl beschworen wird. Was bedauerlicherweise gerade für Kinder besonders ehrgeiziger Eltern bedeuten kann, dass die Zeit für „einfach mal nur Kind sein“ immer mehr zusammenschrumpft.

Bis vor einigen Jahrzehnten hielt sich eisern der Gedanke, dass das menschliche Gehirn ab dem dreißigsten Lebensjahr „auf dem absteigenden Ast“ ist in Bezug auf seine Leistungsfähigkeit. Daraus resultierte die Ansicht, dass ältere Menschen nichts Neues mehr hinzulernen können. Wer jetzt vorwitzig erklärt: „Ja, macht Sinn. Merkt man ja selbst, dass man sogar eher immer vergesslicher wird.“, dem muss ich leider in die Parade fahren. Inzwischen gibt es genügend wissenschaftliche Arbeiten, die belegen, dass Hans sehr wohl noch lernen kann. Manches ist vielleicht ein wenig mühsamer, verlangt eine höhere Motivation und eventuell muss das Wissen auch ein wenig anders aufbereitet und vermittelt werden, aber grundsätzlich kann jeder jederzeit immer noch neue Dinge hinzulernen.

Beim Pferd ist es ähnlich. Natürlich kannst Du Deinem Pferd jederzeit und in jedem Alter neue Dinge beibringen (was ich persönlich sehr beruhigend finde). Falls Dein Rentner Dich bislang immer zur Wiese mitgeschleift hat ohne Rücksicht auf Verluste, dann gibt es gar keinen Grund, warum er nicht lernen könnte, endlich gesittet neben Dir herzugehen und zu warten, bis Du das Halfter abmachst. Aber ...! Natürlich ist es deutlich leichter, wenn solche Dinge dem jungen Pferd direkt von Anfang an beigebracht werden. Ansonsten kann es einfach sein, dass Du ein wenig mehr Geduld brauchst und dicke Bretter bohren musst. Doch das sollte Dich nicht davon abhalten, endlich die Mensch-Pferd-Beziehung zu haben, die Du Dir wünschst.

Und wie das bei allen Beziehungen so ist, gibt es auch für die Beziehung zwischen einem (unter dem Strich doch ziemlich „zerbrechlichen“) Menschen und einem rund 600 Kilo schweren vor allem instinktgesteuerten Fluchttier Pferd einige Spielregeln für den Umgang miteinander. Dabei geht es ein wenig so zu, wie beim Tanzen: Also mein Tanzbereich – dein Tanzbereich, wer führt und bitte nicht auf die Füße treten.

Am besten sollte jedes Pferd möglichst schon im Jungpferdealter lernen, dass der Mensch derjenige ist, der führt, also den Hut aufhat. Konkret bedeutet dies, dass sich das Pferd vom Menschen, in die von diesem gewünschte Richtung, bewegen lässt. Konkret geht es um Folgendes:

- Das Pferd geht mit dem Menschen mit und folgt diesem willig (führen).
- Das Pferd hält genau dort an, wo der Mensch es dazu auffordert.
- Das Pferd lässt sich rückwärts schicken (weicht dem Menschen).
- Das Pferd lässt sich mit Vorhand und Hinterhand bereitwillig seitwärts bewegen.

So simpel diese vier Punkte zunächst wirken, so kniffelig kann dies in echt sein. Denn ein williges sich führen lassen, kann ja auch bedeuten, dass das Pferd brav und ohne Rempeln oder Überholen mit mir zur fetten neuen Wiese geht oder auf den Anhänger. Für mich als „guten Chef“ á la Kalle ist es okay, wenn das Pferd in der Situation vielleicht angespannt und nervös ist, aber wenn ich es nun einmal genau in dem Tempo zur Wiese führen oder auf einen Hänger bringen möchte, dann sollte es das respektieren. Im Gegensatz kann es sich darauf verlassen, dass ich als „guter Chef“ auch darauf achte, dass es ihm gut geht und ihm garantiert nichts Schlimmes passiert.

Abbildung 9: Entspannung total: Das Pferd gönnt sich einen kleinen Snack zwischendurch.

Es kann sein, dass wir in Situationen kommen, wo es wirklich wichtig ist, dass das Pferd unseren Aufforderungen kommentarlos Folge leistet. Stellen wir uns einfach nur mal vor, dass wir mit unserem Pferd in unbekanntem, unwegsamem Gelände unterwegs sind. Vielleicht auf einem richtig engen Trampelpfad, wo rechts und links Stacheldraht ist. Plötzlich hört der Weg auf, und wir stehen vor einem Abgrund. Aus der Situation kommen wir nur heraus, wenn das Pferd zuverlässig rückwärts geht. Ebenso kann es Gelegenheiten geben, wo es wirklich entscheidend ist, dass das Pferd mit der Vorhand oder Hinterhand, ohne zu murren weicht.

Da ist es doch besser, wenn wir uns sicher sein können, dass so etwas bei mir und meinem Pferd funktioniert. Ohne großes Nachdenken. Oder?

Das Schöne an der Bodenarbeit ist, dass Du zahlreiche Übungen auch problemlos in Deinen täglichen Umgang mit dem Pferd einfließen lassen kannst. Sie lassen sich beispielsweise auch wunderbar mit dem Reiten kombinieren. Übe korrektes Nebenher Gehen und Anhalten, wenn Du das Pferd von der Weide oder vom Paddock holst, auch beim Putzen hast Du Trainingsmöglichkeiten. Starte Dein Reittraining auf dem Platz, in der Halle oder im Gelände doch mal mit einer Runde Bodenarbeit. Dazu musst Du nur ein paar Runden zu Fuß mit ihm drehen und bekommst direkt wertvolle Infos für das Reiten. Denn mithilfe der Bodenarbeit wirst Du ziemlich schnell herausfinden, wie Dein Pferd an diesem Tag gerade drauf ist. Ist es gut gelaunt oder eher nicht? Tut ihm etwas weh? Hat es vielleicht Muskelkater?

Du siehst, es lohnt sich, Bodenarbeit zur Basis im Umgang mit seinem Pferd zu machen. Welche grundlegenden Übungen es gibt, und worauf Du dabei achten solltest, erfährst Du jetzt.

## Vorübungen

Für mich beginnt Bodenarbeit eigentlich sogar schon mit dem Aufhalftern des Pferdes. Es sollte sich vertrauensvoll das Halfter anlegen lassen.

Zuerst lege ich dem Pferd das Halfter an. Dafür gehe ich in seine Box, auf den Paddock oder auf die Wiese.

- Ich spreche das Pferd an, damit es mich bemerkt und nicht erschrickt, dann nähere mich dem Pferdekopf von der linken Seite.
- Wenn ich neben dem Pferd stehe, halte ich das Halfter in der linken Hand. Ich schiebe meine rechte Hand unter dem Pferdekopf durch und lege das Handgelenk vorsichtig auf den Nasenrücken, so kann ich bei Bedarf mit ein wenig Nachdruck sicherstellen, dass das Pferd mir den Kopf nicht wegzieht.
- Dann greife ich die rechte Seite des Halfters und ziehe es mit beiden Händen behutsam hoch.
- Ich lege das Genickstück vorsichtig über die empfindlichen Ohren und sortiere gegebenenfalls den Schopf, damit nicht aus Versehen eine Strähne unglücklich eingeklemmt ist und ziept.
- Danach schließe ich den Kehlriemen des Halfters.

Meine Tipps für Dich:

- Häufig wird Aufhalftern oder Auftrensen so gelehrt, dass das Genickstück gleichzeitig über beide Pferdeohren gezogen werden soll. Allerdings habe ich persönlich mit der Zeit festgestellt, dass viele Pferde deutlich zufriedener sind, wenn das Genickstück vorsichtig erst über das eine und dann das andere Ohr gezogen wird. Gerade Pferde, die sich nicht so gerne an den Ohren anfassen lassen, akzeptieren dies meist deutlich besser.
- Bitte unbedingt darauf achten, stets die Kehlriemenschnalle des Halfters festzumachen! Auch wenn das Pferd nur wenige Schritte geführt oder nur kurz angebunden werden soll. Hängt der Verschluss lose herab, so kann dies zu bösen Verletzungen am Pferdekopf führen, sollte sich das Pferd erschrecken und der robuste Metallhaken dann ins Auge schlagen. Außerdem kann es ebenfalls passieren, dass so ein lose herumschlackernder Haken den Menschen schwer verletzt, indem er ihm unglücklich gegen den Kopf oder ins Auge schlägt.
- Außerdem schafft es so manch ein schlauer Pferdestratege, sich das lose Halfter blitzschnell beim Kopfscheuern am Vorderbein abzustreifen. Und plötzlich stehen wir unversehens zwar mit Halfter, aber ohne Pferd da.

Wunderbar: Halfter ist dran und den Strick haben wir. Dann kann es ja nun endlich mit dem Führen losgehen. Doch damit das wirklich gut klappt, solltest Du die folgenden Dinge beachten, denn Gehen und Stehen ist erstaunlicherweise gar nicht so einfach, wenn es gut klappen soll und nicht nur irgendwie.

## Kurz oder lang? Der Führstrick

Vor allem unsichere Menschen, die davon überzeugt sind, dass sich das wilde, ungebärdige Ross an ihrer Seite gleich losreißen will, halten den Führstrick am liebsten direkt hinter dem Karabiner. Oder besser gleich den Karabiner! Blickt man dann beiden Parteien ins Gesicht, kommt Interessantes dabei heraus: Dem Menschen steht die Anspannung ins Gesicht geschrieben, immerhin muss er ja ein unberechenbares, wildes Tier bändigen! Das Pferd dagegen schaut genervt und fängt deshalb gerade an, etwas ungeduldig zu werden. Dazu hat es aber, ehrlich gesagt, jedes Recht, denn wenn man mir den Kopf in einem Schraubstock einzwängen würde, wäre meine gute Laune auch dahin.

Nur mal ganz kurz zur Erinnerung: Was meinst Du, wie ein Fluchttier, das instinktiv immer seine Umgebung ein wenig im Blick behält, sich fühlt, wenn ihm die Sicht verwehrt wird? Genau. Mies. Und es bekommt über kurz oder lang auch Angst.

Deshalb mein Plädoyer: Bitte den Führstrick unbedingt korrekt halten! Also nicht am Karabiner – aber auch nicht am Ende. Das wäre zu viel des Guten. Fass ihn bitte etwa zwei gute Handbreit hinter dem Karabiner an. So hast Du bei Bedarf genügend Kontrolle und das Pferd hat dennoch eine Chance, den Kopf frei zu tragen. Damit das Ende des Führstricks nicht im Weg ist und Du womöglich darüber stolperst, fasst Du das Ende mit der anderen Hand. Auch hier dürfen wieder circa 40 cm Strick herausschauen.

Eine große Bitte noch an Dich: Bitte NIE(!) den Führstrick oder die Zügel um die Finger oder die Hand wickeln, sogar große Schlaufen sind potenziell gefährlich! Der Strick sollte immer so gefasst werden, dass er bei Bedarf einfach durch die Hand hindurchgleiten kann. Verbrennungswunden durch durchgezogene Stricke sind wirklich alles andere als angenehm und können hässliche Narben nach sich ziehen. Wobei das noch das kleinere Übel ist, so zynisch dies auch wirken kann. Denn es gibt etliche Menschen, die Finger verloren haben, weil sie den Führstrick in Schlaufen aufgenommen hatten und ein Finger dazwischen war ... Als das Pferd plötzlich lossprang, war dann blitzartig Ende Gelände. So etwas sollte Dir bitte nicht passieren. Schließlich sind wir doch alle auf unsere Finger angewiesen.

Abbildung 10: Häufig wird der Führstrick deutlich zu kurz angefasst (wie hier). Es sollten mindestens zwei Handbreit Raum zum Karabiner/ Panikhaken gelassen werden.

## Die korrekte Führposition

Bei diesem vermeintlich simplen Punkt scheiden sich die Geister. Dabei sollte man doch eigentlich meinen, dass sich dies schnell und einfach entscheiden ließe, aber weit gefehlt. Während meine nicht reitenden Bekannten instinktiv aus dem Bauch heraus sagen würden: Die richtige Führposition? Na, ganz klar vorne! (Schließlich sind Chefs doch immer „on top".) Sieht das bei Pferdeleuten leider etwas anders aus. Da gibt es diverse Lager, die alle davon überzeugt sind, dass ihre Variante die Richtige ist. Naja, sagen wir mal so: Immerhin können sich alle darauf einigen, dass man ein Pferd nicht vom Schweif aus führen sollte. Es sei denn, man will mit Langzügelarbeit starten, aber das ist ein ganz anderes Thema.

In der traditionellen europäischen Reiterei ist die bevorzugte Variante, dass sich die Pferdeschulter beim Führen auf Schulterhöhe des Menschen befindet. Alternativ wird noch toleriert, wenn der Pferdekopf auf Höhe der Menschenschulter ist. Hintergrund ist der, dass man so jederzeit sehen kann, was das Pferd tut und ob es eventuell Anzeichen dafür gibt, dass es abgelenkt ist und sich möglicherweise erschrecken könnte. Sprich: Man hat so das Pferd ständig im Blick und läuft nicht Gefahr, dass es beispielsweise von hinten in einen hineinspringt, weil es erschrickt.

Bei allen Reitweisen und Erziehungsmethoden, die dem Umfeld der Westernreiterei entstammen, soll das Pferd HINTER dem Führenden gehen. Der Grundgedanke ist hierbei, dass der „Chef" immer vorangeht und potenzielle Gefahren checkt, während der Rangniedrigere hinter ihm bleibt und so in Sicherheit ist. Des Weiteren wird damit argumentiert, dass dies die Konzentration des Pferdes auf den Führenden besser fokussiert.

Ich bevorzuge die „goldene Mitte", also die Position Kopf auf Schulterhöhe. Dies reduziert einerseits die Gefahr, dass mir das Pferd beim Führen zu sehr „davoneilt", andererseits habe ich so stets genügend Einfluss auf den Kopf des Pferdes und kann auch schneller reagieren, weil ich am Ohrenspiel oder an der Kopfhaltung erkennen kann, ob das Pferd sich über etwas aufregen könnte.

Mir persönlich ist es wenig sympathisch, wenn das Pferd in meinem Rücken sich selbst überlassen ist. Ich muss mich selbst dabei für meinen Geschmack viel zu sehr nach hinten orientieren und kann nicht so schnell reagieren, wenn das Pferd plötzlich stehen bleibt, rückwärtsläuft oder versucht, zur Seite auszubrechen. Ein Pferd, das mich generell als kompetent, verlässlich und vertrauenswürdig akzeptiert, wird mich auch dann nicht in Frage stellen, wenn es seinen Kopf auf Höhe meiner Schulter haben darf.

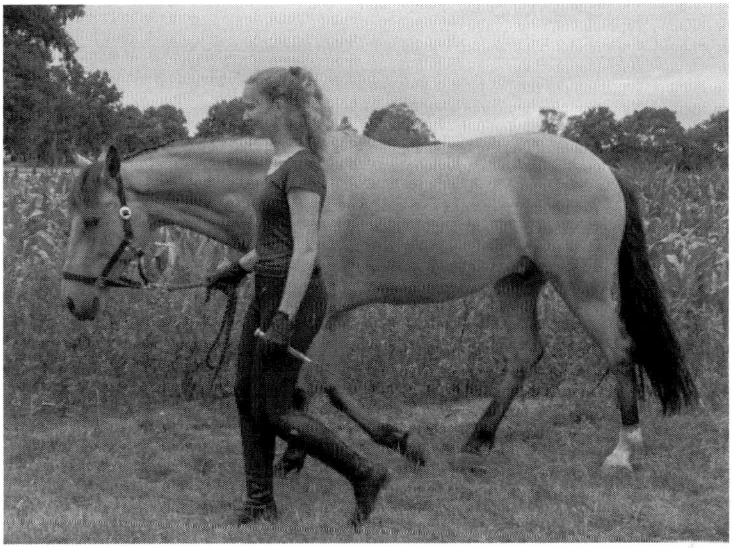

Abbildung 11: Gutes Führen. Der Mensch ist gelassen und konzentriert. Das Pferd ist ebenfalls entspannt. Die Schulter ist jeweils auf Schulterhöhe des Partners.

## Das Anführen

So, dann wollen wir endlich mal die ersten Schritte wagen:

Das Pferd steht also neben mir auf Schulterhöhe. Ein kurzer Seitenblick zum Pferdekopf hilft Dir bei der Orientierung. Ist das Pferd bereits auf Dich konzentriert und wartet darauf, was es gleich für Dich tun kann? Perfekt. Falls nicht, solltest Du Dir diese Aufmerksamkeit erst einmal sichern. Dazu kannst Du kurz am Strick zupfen oder das Pferd ansprechen. Achte dabei auf das Ohrenspiel. Wohin sind die Ohren ausgerichtet? Sind sie bei Dir, ist alles bestens.

Am wirksamsten ist es, wenn Du zum Antreten Deine Körpersprache und ein Stimmkommando kombinierst. Du sagst beispielsweise auffordernd „Scheeritt“ oder schnalzt mit der Zunge oder sagst „Los geht's“, wenn Dir das mehr liegt. Welches Kommando ist letztendlich egal, denn es ist nur ein „verabredetes Zeichen“ zwischen Dir und Deinem Pferd. Wichtig ist lediglich, immer dasselbe Kommando zu benutzen, damit das Pferd im Laufe der Zeit verstehen lernt, dass es auf dieses Kommando hin mit mir losgehen soll.

Durch die Kombination mit Deinem Losgehen und gegebenenfalls kurzen, auffordernden Impulsen am Halfter (oder der Trense), die den Pferdekopf nach vorne weisen, wird das Pferd schließlich messerscharf kombinieren, was Du möchtest. Denn diese Hilfenkombination ist unverwechselbar. (Und glaube mir, Pferde merken das alles. Sie sind wirklich exzellente Beobachter!)

Sobald es im ruhigen Tempo neben mir her geht (d.h. weder voraneilt noch hinter mir her schlurft), kann ich den Strick locker durchhängen lassen. Er kommt erst dann wieder zum Einsatz, wenn ich entweder eine neue Lektion beginnen will, die Richtung ändere oder anhalte.

Ziel sollte es stets sein, dass der Strick locker hängt und kein Druck darauf ist – es sei denn, Du möchtest das Pferd über eine „Planänderung“ informieren. Je besser Dein Pferd auf Deine Körpersprache achtet, desto weniger wirst Du ihn zur Korrektur benötigen. Ebenso wird die Stimmhilfe zunehmend weniger wichtig.

Und bitte: Immer, wenn das Pferd etwas richtig macht, also gut reagiert, neben dem Menschen an der richtigen Position her geht oder korrekt stehen bleibt wird es sofort gelobt! Mit der Stimme, mit einem freundlichen Streicheln am Hals oder auch beides. So wie es für euch beide passt.

Was tun, wenn es nicht gleich klappt?

- Ruhe bewahren! Und noch einmal probieren. Überlege genau, wo Du vielleicht noch nicht ganz eindeutig in Deiner Kommunikation mit dem Tier warst. Das Schöne ist, Du kannst Dein Verhalten ja jederzeit anpassen.
- Falls Du das Pferd beim Antreten immer hinter Dir her schleifen musst, solltest du folgendes beachten: Der Mensch weiß schon, dass er losgehen will. Das Pferd weiß es noch nicht. Gestehe dem Pferd also eine gewisse

Reaktionszeit zu. Achte aber vor dem Antreten darauf, dass seine Aufmerksamkeit bei Dir ist. Falls Du eine Gerte dabei hast, kannst Du sie in die freie Hand nehmen und das Pferd hinter Deinem Rücken damit auffordernd antupfen. Wenn es auch darauf nicht reagiert: etwas stärker tupfen ...

- Auch beim Führen selbst: Das Pferd soll sich dem Tempo des Menschen anpassen. Das bedeutet: Es lässt sich weder vom Menschen hinterher ziehen, noch stürmt es voran und übernimmt die Führung.

- Wenn das Pferd vor mich kommt, fange ich sein Tempo mit einem oder auch mehreren Impulsen am Halfter ab. Das kombiniere ich mit einem Stimmkommando, also z.B. einem ruhigen, bestimmten „laaannngggsaaammmmm", das ich mit tiefer Stimme sage. Das wiederhole ich so oft, bis das Pferd tatsächlich langsamer neben mir her geht. Dann wird sofort gelobt. Bei Bedarf kannst Du das Pferd auch immer wieder zum Halten durchparieren und es neben Dir stehen lassen. Was mir bei stürmenden Pferden oftmals gute Dienste leistet, ist eine Gerte, die ich wie eine Barriere vor die Brust des Pferdes halte. Akzeptiert es diese „Grenze" nicht, dann kann ich damit die Pferdebrust touchieren und mir so Gehör verschaffen. In der Regel begreifen Pferde sehr schnell, was die Gerte vor der Brust bedeutet. Dann reicht oftmals schon das Zeigen oder ein leichtes „Anfedern" mit dem Stöckchen.

Abbildung 12: Hier noch einmal aus einer anderen Perspektive: Die Führende lehnt sich gegen ihr Pferd, um es zu stoppen. Gleichzeitig will sie das Pferd mit dem Strick quasi von sich wegziehen.

- Habe ich es dagegen mit einem eher „faulen“ Pferd zu tun, das sich immer mehr zurückfallen lässt, benutze ich die Gerte zum Auffordern. Bitte: Das ist jetzt kein Freibrief, dem Pferd mal ordentlich den Hintern zu verhauen! Das ganz klar nicht! Übermäßiges Strafen oder Strafen aus Zorn oder Ungeduld sind ein absolutes No-Go in der Pferdeausbildung. Wenn ich einmal gezwungen sein sollte, ein Verhalten des Pferdes zu sanktionieren, so sollte dies stets mit Augenmaß geschehen und ein klares, sinnvolles Ziel verfolgen.
- Beim Auffordern touchiere ich, wie bereits erwähnt, hinter meinem Rücken ganz leicht die Seite des Pferdes. Zugleich sage ich mit energischer Stimme z.B. „Vorwäääääärrtss“. Auch das wiederhole ich solange, bis ich die gewünschte Reaktion vom Pferd erhalte.

**Übungen:**

1. Baue von nun an in Deine tägliche Arbeit mit dem Pferd ein paar Führübungen ein. Das geht sowohl beim Spazierengehen als auch vor dem Reiten. Deiner Kreativität sind da keine Grenzen gesetzt.

2. Erhöhe den Schwierigkeitsgrad, indem Du das Tempo variierst – mal schnell, mal langsamer, mal in winzig kleinen Schritten. Auch anhalten ist möglich. Achte darauf, dass Dein Pferd sich stets Deinem Tempo anpasst. Es sollte Dich nicht überholen, und der Führstrick sollte locker durchhängen.

## Anhalten

Losgehen klappt ja sicherlich bereits ganz gut bei Dir und Deinem Pferd. Jetzt optimieren wir daher noch ein wenig das Anhalten. Das ist meist ganz unkompliziert, wenn Dein Pferd jetzt schon gut auf Dich achtet.

- Gib einen Impuls am Führstrick.
- Stimmkommando „Haaaalt" (gerne etwas langgezogen, damit das Pferd Zeit hat, sich selbst in der Bewegung zurückzunehmen).
- Du hältst an. Das Pferd bleibt mit Dir stehen.

Das ist der bestmögliche Fall. Sollte Dein Pferd ein wenig abgelenkt sein oder schlicht und ergreifend noch nicht so gut auf Dich achten, hast Du zwei Möglichkeiten:

Du kannst den Impuls am Strick deutlicher geben bzw. zwei bis drei deutliche Impulse. Da ich persönlich das etwas unelegant finde, nehme ich gerne die Gerte zu Hilfe, wenn ein Pferd einfach weitergeht und vor mich kommt, wenn ich stoppen möchte. In diesem Fall führe ich beim Kommando „Halt" die Gerte vor die Brust des Pferdes, wie eine kleine Barriere. Bei feinen Pferden reicht das bereits aus. In anderen Fällen federst Du das Pferd wieder leicht an der Brust an. Das kann sich bis zu einem klaren Klapps steigern bei Bedarf.

## Basics am Putzplatz

Für viele Leute startet das Training mit dem Pferd erst, wenn sie in der Halle oder auf dem Platz sind oder aufsteigen, um auszureiten. War das bei Dir bislang auch so? Dann kommt jetzt eine kleine Umstellung für Dich: Denn ab sofort solltest Du dran denken, dass jeder Moment, den Du mit Deinem vierbeinigen Partner verbringst, Training ist.

Sobald Du im Stall oder auf der Weide mit Deinem Pferd in Kontakt trittst, wird es Dich instinktiv genauestens beobachten und seine Schlüsse aus Deinem Handeln oder auch Nicht-Handeln ziehen. Wir Menschen unterschätzen das meistens und sind dann häufig überrascht, weil es etwa den Anschein hat, dass unser Pferd sich eine neue Marotte ausgedacht hat, plötzlich guckiger ist als früher oder auch lieber geht, wenn wir auf der Bildfläche erscheinen. In vielen Fällen handelt es sich jedoch um eine Reaktion auf unser Verhalten oder unsere vorangegangene Interaktion mit dem Tier.

Ein Beispiel: Ich habe im Laufe der Zeit einige Pferde erlebt, die Menschen gegenüber insgesamt sehr distanzlos waren und geschnappt oder sogar gebissen haben. So stark, dass sie Menschen durchaus auch deutlich verletzt haben. Bei diversen Fällen kam dann heraus, dass diese Tiere „Flaschenkinder“ waren, also Handaufzuchten. Die Schnapperei ist in solchen Fällen zumeist durch das menschliche Verhalten entstanden. Beim kleinen Fohlen findet man es als Mensch einfach nur niedlich, wenn die mit der Schnute an einem herumhantieren, wenn sie die Flasche wollen oder ihnen langweilig ist. Je älter sie werden (und je mehr sie ihre Zähne benutzen), desto unangenehmer wird es für uns. Irgendwann wollen wir nicht mehr angeknabbert werden, aber das junge Pferd versteht nicht mehr, wieso das plötzlich nicht mehr in Ordnung sein soll. Ebenso, warum wir es nicht mehr so dicht an uns heranlassen wollen.

Was ich ebenfalls immer wieder beobachte sind Reitschüler, die noch genervt vom Job in den Stall zur Reitstunde hetzen. Und zwar auf den letzten Drücker. Schnell rein in die Box, zweimal über das Pferd wischen, Sattel drauf und ab in den Unterricht. Dem Pferd kann man währenddessen ganz klar am Mienenspiel des Gesichtes ablesen, wie genervt es davon ist. Entsprechend gestaltet sich dann meist auch der Anfang der Reitstunde.

Die Grundregel im Umgang mit dem Pferd lautet daher (frei nach dem Kommunikations-Wissenschaftler Paul Watzlawick):

**Man kann (mit dem Pferd) nicht nicht kommunizieren!**

Das solltest Du ab sofort immer im Hinterkopf haben. Insofern ist schon jedes aus der Box zum Putzplatz führen letztlich Führtraining. Und von nun an solltest Du auch den Putzplatz als Trainingsgelände sehen. Schon mit einfachen Übungen kannst Du ihm hier zeigen, dass Du ein guter Chef bist, der sich gut um seinen pferdischen Partner kümmert, der sich jedoch nicht alles gefallen lässt.

Bedenke bitte auch hier, dass Du nach Möglichkeit das Pferd bewegst. Hast Du einen kleinen Zappelphilipp? Bring ab sofort Ruhe ins Pferd! Wenn es sich von Dir wegbewegt oder zu Dir hin drängelt mit seiner Hinterhand, dann korrigiere es ab sofort. Stell es unaufgeregt wieder zurück an seinen Platz. Bei Bedarf helfen zudem ein klares „Nein“, bei aufgeregten Pferden vielleicht in Kombination mit einem Ruck am Halfter. Verschaffe Dir Gehör, aber bleib ruhig dabei und behalte die Übersicht. Steht Dein Pferd schließlich ruhig und gelassen oder lässt vielleicht sogar entspannt den Kopf fallen, lobst Du es mit Deiner Stimme.

Erwarte anfangs nicht zu viel! Diese Übung kann zu Beginn etwas mühsam sein, weil das Pferd natürlich nicht versteht bzw. einsieht, warum es nicht mehr nach Belieben herumgucken darf. Es dauert zwar seine Zeit, aber am Ende schaffst Du es und hast ein Pferd, das gelassen und geduldig am Anbinder steht. Und zwar überall.

Ebenfalls solltest Du trainieren, dass Du die Hinterhand Deines Pferdes nach Bedarf weichen lassen kannst. Das ist sehr sinnvoll, z.B. wenn jemand mit einer beladenen Schubkarre hinter Deinem Pferd lang muss. Dazu machst Du Dich groß und gehst konsequent seitlich auf die Hinterhand zu (etwa in Höhe der Flanke). Du beanspruchst quasi den Platz, den die Hinterhand des Pferds momentan einnimmt. Kombiniere das Ganze mit einem nachdrücklichen „Rum!".

Diese Kombination von „Hilfen" wiederhole ich so lange, bis das Pferd den ersten Schritt in die Richtung geht, in die ich es haben möchte. Wenn das Pferd mit der Kruppe nach rechts gehen soll, stehe ich auf der linken Seite des Pferdes und fordere es auf, zu weichen. Soll es mit der Kruppe nach links, stehe ich auf der linken Seite des Pferdes.

Macht das Pferd den ersten Schritt in die richtige Richtung, setze ich mit den Hilfen aus und lobe es mit der Stimme oder auch mit einem Streicheln übers Fell.

Bei dieser Übung bin ich zu Beginn bereits mit einem Schritt zufrieden. Wenn der erste Schritt klappt, nehme ich den zweiten dazu usw. Ich will übrigens nicht, dass das Pferd wie ein Brummkreisel um seine Vorhand herumläuft, oder irgendwann mal rückwärts rennt. Das Pferd soll wirklich lernen, einen Schritt nach dem anderen zu machen und auch nur so viele Schritte, wie der Mensch von ihm möchte.

Bei Modellen, die etwas auf den Ohren sitzen, kannst Du Deine Hand auch auffordernd auf den Körper des Pferdes legen. Reicht das noch nicht, tippst Du es anfangs mit einer bereitgestellten Gerte an.

Na, hast Du Lust, das Ganze noch etwas zu steigern? Wunderbar. Dann habe ich noch eine schöne Übung für Dich: Trainiere mit Deinem Pferd, auch unangebunden brav am Putzplatz zu stehen und sich von Dir putzen zu lassen. Hier gehst Du ähnlich vor wie beim gelassenen Stehen am Anbinder. Korrigiere sofort, wenn Dein Pferd sich vom Platz wegbewegen will, und stelle es wieder zurück. Je besser Du beobachtest, desto eher kannst Du Bewegungen anhand des Muskelspiels „vorausahnen" und blitzschnell mit kleinsten Fingerzeigen agieren. Lass bitte einen Strick am Halfter und lege das Ende einfach nur über den Hals, so kannst Du das Pferd damit bei Bedarf immer wieder zurückdirigieren.

Hier ist nicht nur das Timing wichtig, sondern auch die Dauer des Trainings. Beginne mit wenigen Minuten und steigere langsam. Gelassenes, ruhiges Stehen des Pferdes bitte immer loben. Korrekturen werden ohne Zorn und Schimpferei konsequent ausgeführt.

## Den Kopf senken

Welche Übung in der Pferdeausbildung ist simpel aber kann Dir wirklich in vielen Situationen helfen, wenn es darauf ankommt?

Die meisten Leute müssen normalerweise passen, wenn ich das Frage. Auf die zugegebenermaßen einfache Antwort kommen sie meist gar nicht. Vielleicht liegt das daran, weil in der Pferdeausbildung bzw. im Umgang mit dem Pferd oftmals viel zu wenig Wert daraufgelegt wird: Ich meine das Kopf senken auf Aufforderung.

Ich mag diese kleine Übung wirklich sehr gerne, wobei es natürlich nicht darum geht, dass wir unsere Pferd antrainieren, auf ein geheimes Signalwort hin den Kopf hinunter zum Boden zu nehmen. So nicht, schließlich ist es ja auch immer noch ein Pferd und kein dressierter Hund oder so etwas. Es geht darum, dass das Pferd lernt, auf einen kleinen Impuls am Halfter oder der Trense den Kopf sinken zu lassen.

Tatsächlich ist dies nämlich eine hochinteressante und wichtige Sache, denn wann senkt ein Pferd den Kopf? Wenn es vollkommen entspannt ist. Wenn es auf der Weide steht und grast oder wenn es döst. Im Umkehrschluss kann ein gesenkter Kopf also ein aufgeregtes Pferd herunterfahren und beruhigen. Denn ist ein Pferd aufgeregt und ängstlich, wird es stets versuchen, sich einen besseren Überblick zu verschaffen. Es macht sich instinktiv groß, hebt den Kopf hoch, drückt den Unterhals heraus. Das passiert häufig genau dann, wenn das Tier in der Ferne etwas entdeckt, was es nicht einordnen kann und als unheimlich einstuft.

Wohl dem, der dann nur ein wenig am Strick zupfen muss, damit sich der Kopf senkt! Besonders effektiv kann es sein, wenn Du einem aufgeregten Pferd dann noch ein Leckerli anbietest, denn kauen entspannt ebenfalls. Kauen hat nämlich etwas mit Futteraufnahme zu tun und die beißt sich mit dem Fluchtreflex.

Ganz nebenbei wird Dir das Kopf senken auf Impuls auch ansonsten vieles im Umgang mit Deinem Pferd einfacher machen. Wer schon mal einen unwilligen 1,80-Riesen davon überzeugen musste, sich die Trense anlegen zu lassen, wird wissen, was ich meine. Es ist auch für uns als Menschen deutlich angenehmer, wenn das Pferd beim Aufhalftern oder Trensen den Kopf vertrauensvoll senkt und bestenfalls auch noch bereitwillig das Maul öffnet. Wenn Du so etwas möchtest, dann solltest Du es Deinem Pferd beibringen.

Das Kopf senken trainieren ist ziemlich einfach. Dazu brauchst Du im Regelfall nur ein Halfter, einen Führstrick und ein paar Leckerlis.

- Signalisiere Deinem Vierbeiner durch einen kurzen Impuls am Strick, dass er seinen Kopf ein wenig sinken lassen soll. Durch den Impuls entsteht ein leichter Druck im Genick, dem die meisten Pferde in die Tiefe nachgeben.
- Bei Bedarf kannst Du ihn noch zusätzlich mit einem Leckerli hinunterlocken. Ziel ist aber, dass das Pferd dem leichten Druck im Genick nachgibt.
- Senkt es den Kopf, so lobst Du Dein Pferd bitte ordentlich! Bestärke es darin, dass die Reaktion genau richtig war.

Manche Pferde, vor allem solche mit schlechten Erfahrungen, sind zunächst nicht bereit, den Kopf zu senken. Das ist aber auch nicht weiter verwunderlich, denn das Genick ist immerhin das empfindlichste Körperteil. Würde ein Raubtier sich hier verbeißen, so wäre das Pferd umgehend tot. Bei anderen Körperstellen würde grundsätzlich immer noch eine Aussicht auf Flucht bestehen. In diesem Fall habe ich gute Erfahrungen damit gemacht, eine Führkette zu verwenden.

Ich weiß, das klingt jetzt recht martialisch, aber richtig verschnallt und angewendet sowie in den richtigen Händen, kann eine Führkette ein großartiges Hilfsmittel sein, um feine Hilfen zu geben.

Hierzu verschnalle ich die Führkette nach Linda Tellington-Jones (LTJ), d.h. ich fädele den Karabiner von außen nach innen durch den linken Verbindungsring von Nasenriemen und Kinnriemen. Dann leite ich die Kette von oben nach unten über den Nasenriemen (sodass er einmal schräg darüber zu liegen kommt) und fädele ihn dann wieder durch den rechten Verbindungsring, hier aber von innen nach außen. Dann führe ich die Kette hoch richtig Genick und hake den Karabiner auf dieser Seite in den oberen Verbindungsring (Genickstück- Backenstück) ein. Fertig!

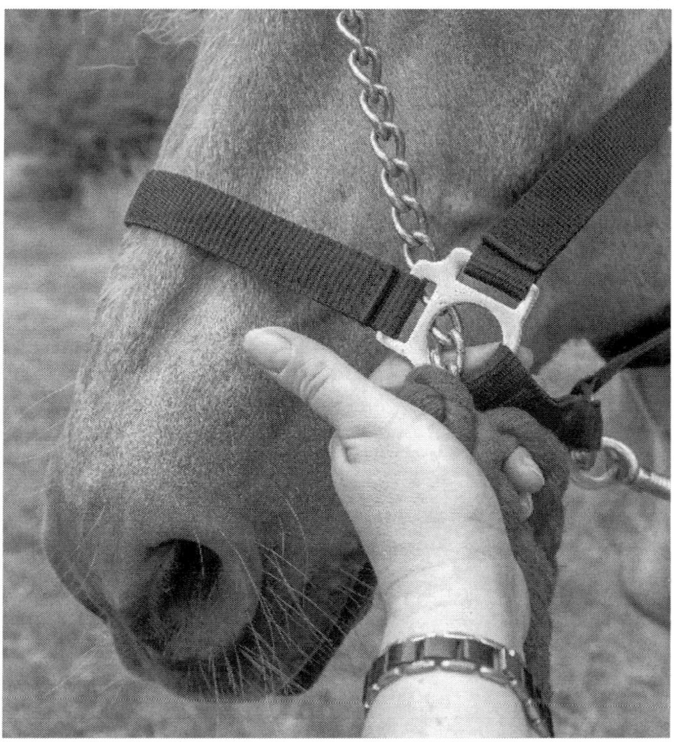

Abbildung 13: Anlegen der Führkette nach LTJ. Schritt 1: Einfädeln des Karabiners auf der Führseite. Dies erfolgt von außen durch den Verbindungsring des Halfters hindurch.

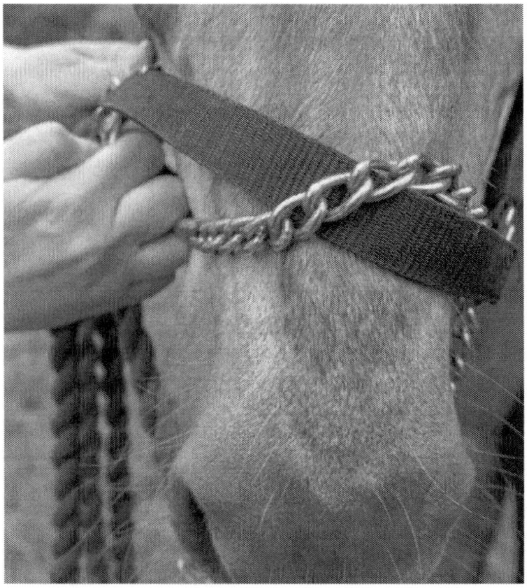

Abbildung 14: Anlegen der Führkette nach LTJ. Schritt 2: Die Führkette wird von quer von oben nach unten über das Nasenstück gelegt und von innen durch den Verbindungsring des Halfters auf der anderen Seite geführt.

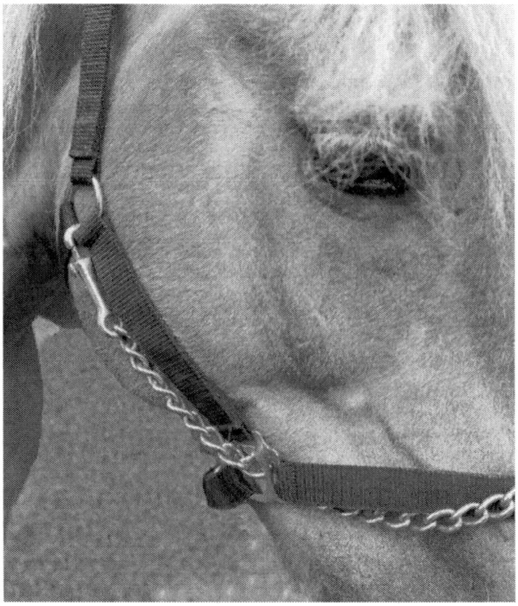

Abbildung 15: Anlegen der Führkette nach LTJ. Schritt 3: Der Karabiner wird leicht hindurchgezogen und im oben Verbindungsring eingehakt. So wirkt ein Impuls auch auf das Genick.

So habe ich (sinnvoll eingesetzt!) eine hocheffektive Unterstützung, die einem Pferd auf kleinste Anzüge hin den Weg in die Tiefe weist. Es reicht bereits aus, nur ganz leicht zu ziehen. Ist das Pferd jedoch sehr widerspenstig, musst Du dennoch keine Sorge haben, dass es sich losreißt. Die Kette wirkt hier gezielt auf das Genick des Tieres ein, wobei der Druck der Kette auf der Nase durch den Nasenriemen abgemildert wird.

Abbildung 16: Kopfsenken. Der Haflinger folgt bereitwillig einem kleinen Zupfer an der Führkette.

Zwei wichtige Hinweise noch dazu:

- Achte bitte unbedingt darauf, dass das Halfter beim Benutzen einer Führkette gut sitzt. Es bietet sich außerdem an, ein Halfter zu verwenden, das an der Nase ein wenig unterlegt ist. Das macht das Ganze deutlich stabiler.
- Teste bitte vorher, ob die Verbindungsringe groß genug sind, damit der Karabiner der Führkette hindurch passt. Das

funktioniert leider erfahrungsgemäß nicht bei jedem Halfter.

- Falls Du die Führkette nutzen möchtest, um ein etwas aufmüpfiges Pferd unter Kontrolle zu behalten, ist das ok. Beachte bitte nur: Die Kette ist für kleine Impulse gedacht, Dauerzug darauf sollte ein No-Go sein.

## „Hände hoch!" - Ein kurzes Plädoyer für den richtigen Einsatz der Hand

Es gibt kaum ein heikleres Thema rund ums Pferd als die Hand des Menschen. Kein Wunder, denn der Homo Sapiens Sapiens ist strenggenommen ein „Hand-Werker". Der Daumen und die vier Finger an jeder Hand haben uns im Laufe der Evolution beste Dienste geleistet. Kein anderes Lebewesen transplantiert schließlich Herzen, baut winzigkleine Mikrochips oder fliegt ins All. Das bedeutet aber auch, dass wir immer gerne testen, ob sich Probleme nicht lösen lassen, indem wir ordentlich „zupacken" oder sonst wie unsere Hände benutzen. In Kombination mit unserem Bedürfnis, mit Hilfe unserer Augen alles zu kontrollieren, was wir mit den Fingern tun, ist dies allerdings nicht in allen Lebensbereichen von Vorteil. Für die Reiterei ist es teilweise sogar ungünstig.

Gerade für das Fluchttier Pferd ist es nämlich häufig extrem problematisch, wenn ihm mittels der Hand eine potenzielle Flucht verbaut wird. Was passiert? Es baut sich enormer Stress im Tier auf. Wesentlich besser und zielführender ist es dagegen, nach dem Prinzip „etwas Druck aufbauen und immer wieder lockerlassen" zu arbeiten. Wobei das von uns Menschen eine extreme Selbstdisziplin fordert, denn hier grätscht uns gerne der Impuls, Dinge unter Kontrolle zu behalten, in die Quere. Das A und O bei der Pferdeausbildung ist jedoch immer das Loslassen bzw. die Losgelassenheit. Ohne funktioniert nichts – weder das Reiten, noch die Bodenarbeit.

Achte daher bitte immer darauf, dass Du ein Pferd möglichst am lockeren, leicht durchhängenden Strick oder Zügel führst. Bei Bedarf erhöhst Du kurz den Druck, um ihn so schnell wie möglich wieder wegzulassen. Immer wieder wird gefragt, wie man ein nach vorne drängendes Pferd besser im Griff hat (z.B. kurze, energische Impulse am Strick, Gerte bei Bedarf vor die Brust, wie bereits erwähnt), aber erstaunlicherweise nur selten, was man tut, wenn man mit einer „Schlaftablette“ unterwegs ist. In beiden Fällen lautet die Lösung: Bitte keinen Dauerzug auf dem Strick oder Zügel haben! Denn was die wenigsten wissen: Auch ein Pferd ständig hinter sich her ziehen zu müssen, kann Folgen haben. Vor allem beim Führen mit Gebiss kommt es hier sogar öfters zu Verletzungen der Maulschleimhaut. Deshalb solltest Du auch mit einem solchen Pferd das vernünftige Führen unbedingt trainieren.

Zwar wird das Pferd grundsätzlich korrekt geführt, doch spätestens beim Abwenden kommt es zu Problemen, weil es in Richtung des Menschen drängelt oder sich nicht gut von diesem weg abwenden lässt. Stattdessen muss der Führende im ersteren Fall unbedingt auf seine Füße aufpassen, im zweiten Fall wird dann gerne die menschliche Schulter in die des Pferdes gerammt. Beides ist hochgradig verletzungsträchtig, dabei hätten wir die Lösung für dieses Dilemma dabei. Nämlich: unsere andere Hand. Hebe ich die zweite Hand hoch und führe sie in Richtung Pferdeauge auf der Seite, ist sie eine exzellente, feine Hilfe, um aufgeregte Pferde zu beruhigen und vor allem, um Pferde leicht und elegant abzuwenden. Denn das Tier wird immer die Tendenz haben, von dieser Hand weggehen zu wollen. Insofern ist das auch das Mittel der Wahl, wenn es ich das Pferd einmal wirklich punktgenaue Wendungen gehen lassen möchte.

Wenn man versuchen muss, ein Pferd mit der eigenen Hüfte zu stoppen, reagiert man deutlich zu spät. Die Führerin versucht zudem, das Pferd von sich wegzubekommen, indem sie die Hand mit dem Strick unter dem Pferdekopf auf die andere Seite zieht. Das bringt nichts, außer den Führenden aus dem Gleichgewicht. (siehe Abbildung 18)

Abbildung 17: Durch den Slalom-Parcours: Der Pferdeführer nutzt hierbei geschickt die freie Hand, um das Pferd besser zu dirigieren.

Abbildung 18: Falsche Vorgehensweise

## Schritt für Schritt mehr Selbstvertrauen

In einer Reitschule hat man es mit den unterschiedlichsten Menschen zu tun. Zwar mögen alle Pferde, aber jeder hat für sich einen ganz persönlichen Grund, aus dem er Reiten lernt. Das ist auch vollkommen okay so!

Allerdings gibt es auch gewisse Unterschiede: Kinder beispielsweise sind einfach nur überglücklich, wenn sie auf dem Rücken des Pferdes sitzen dürfen. Sie lieben das Gefühl des Getragenwerdens, die Wärme unter sich. Ganz schnell sitzen sie da und strahlen fröhlich und begeistert. Man spürt sofort, wie wohl sie sich da fühlen. Doch wehe, sie stehen wieder auf den eigenen Füßen neben dem Pferd! Dann sind sie schlagartig sehr kleinlaut. Das Pony selber führen? Lieber nicht, es könnte einem auf die Füße treten. Ich hatte sogar ein Mädchen, das am Boden nichts mit den Pferden zu tun haben wollte. Als ich ihr am Ende einer Reitstunde mal den Zügel in die Hand gab (an der Schnalle wohlgemerkt!), war es um ihre Fassung geschehen.

Bei Erwachsenen ist es dagegen spannenderweise genau anders herum. Sitzen sie auf dem hohen Roß, werden sie anfangs mucksmäuschenstill. Ihnen merkt man direkt den enormen Respekt vor dem großen Tier an. Nicht mehr auf den eigenen zwei Beinen zu stehen, hat für Erwachsene gerne mal etwas mit Kontrollverlust zu tun. Und wer mag das schon?

Die Lösung bei beiden Varianten: Bodenarbeit.

Denn hier haben die Parteien die Chance, sich gegenseitig besser kennenzulernen. Für die Kinder ist es eine großartige Sache, wenn sie (behutsam herangeführt) erleben, wie sehr die Pferde auf sie achten. Man kann richtig sehen, wie sie bei den Übungen immer größer und selbstbewusster werden. Wunderbar!

Und auch die Erwachsenen profitieren von faszinierenden neuen Eindrücken. Durch den sinnvollen Einsatz von Bodenarbeit bekommen sie die Chance, mit dem Partner Pferd erst einmal in Ruhe warm zu werden. Sie lernen das Tier kennen, begreifen, wie es funktioniert und tickt. Außerdem erfahren sie, dass nicht jede kleine Kopfbewegung potenziell ein Angriff auf Leib und Leben ist. Aber das Beste: Sie kommen in direkten Kontakt mit dem Pferd und merken, wie großartig das Feedback dieser Tiere ist. Denn sie nehmen einen so an, wie man tief im Innersten ist.

Deshalb ist Bodenarbeit nicht nur sinnvoll, um ein großes Tier von A nach B zu bewegen. Pferde nehmen uns so, wie wir sind. Ohne zu werten, ohne zu verurteilen. Dieses angenommen werden ist unglaublich bereichernd!

## Bodenarbeit 1: Darf ich bitten?

So, nachdem wir uns schon mit einigen Vorübungen quasi „warm gemacht" und eingestimmt haben, geht es nun los mit den ersten eigentlichen Bodenarbeitsübungen. Es handelt sich um Grundelemente der Ausbildung, die wir immer wieder im täglichen Umgang und ebenfalls später beim Reiten benötigen werden. Selbst wenn Du jetzt schon weißt, dass Du später lediglich gemütlich ausreiten willst mit Deinem Pferd, ist es dennoch absolut sinnvoll, dass es die Grundübungen rückwärts, Vorhandswendung sowie Hinterhandswendung bereitwillig ausführt. Etwa wenn Du in unwegsamem Gelände unterwegs bist und vor einem steilen Abhang stehst oder in eine schmale Sackgasse gerätst. Dann kann es von größter Bedeutung sein, dass Dein Pferd zuverlässig rückwärts geht oder auf einem Teller wendet.

Dies gilt ebenfalls für das Seitwärts gehen. Schließlich lässt sich ein scheuendes Pferd am besten im Schenkelweichen an einem unheimlichen Objekt vorbeireiten.

Die Übungen fallen bei der Arbeit im Sattel deutlich leichter und werden vom Pferd ebenfalls schneller umgesetzt, wenn Du bei der Bodenarbeit bereits die Grundlagen dafür gelegt hast.

Aber auch sonst ist Bodenarbeit unglaublich nützlich. Der Mensch lernt, bevor er in den Sattel steigt, wie das jeweilige Pferd so tickt. Dadurch kann er die eine oder andere Situation im Sattel besser einschätzen. Das Pferd liest im Gegenzug den Menschen, lernt ihn einzuschätzen und weiß, ob es dem Menschen mit einem guten Gefühl vertrauen kann. Eine wichtige Lektion für jedes Pferd-Mensch-Team. Somit dient Bodenarbeit dem Aufbau des Vertrauens zwischen Pferd und Reiter, denn sie optimiert die Kommunikation zwischen den Partnern! Je besser ich den anderen verstehe, desto mehr kann ich ihm wiederum vertrauen.

## Rückwärts

Das Pferd lernt bei der Bodenarbeit nicht nur, dem Menschen zu folgen, sondern genauso wichtig ist es, dass es lernt, dem Menschen zu weichen.

Weichen bedeutet, dass das Pferd mir den Platz, den ich als Mensch beanspruche, überlässt. Und das möglichst bereitwillig und ohne Diskussionen.

Ein Grundelement ist daher, dass Du Dein Pferd ohne Probleme jederzeit rückwärts schicken kannst und zwar bitte auf möglichst kleine, feine Hilfen! Ich betone das deshalb so, weil ich leider viel zu viele Leute erlebt habe, die ihr Pferd erst mit wildem Gertengefuchtel oder einem Besen rückwärts treten lassen konnten. So bitte nicht!

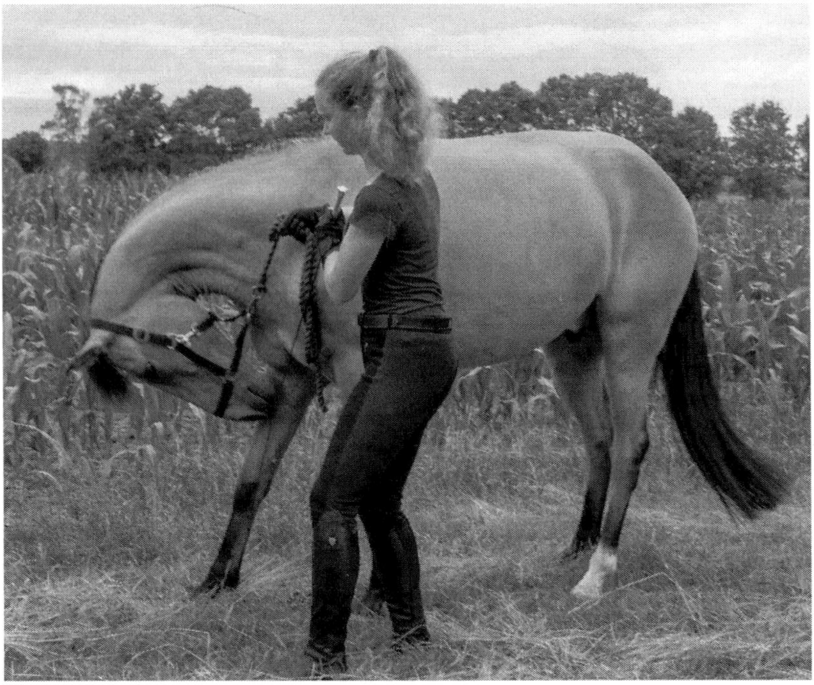

Abbildung 19: So bitte nicht! Wer sich auf einen Ziehwettkampf mit dem Pferd einlässt, wird immer verlieren.

Aber wie klappt nun ein gutes Rückwärts?

- Starte die Übung bitte aus dem Halten.
- Ich stelle mich etwas seitlich verschoben vor das Pferd (Blickrichtung zum Schweif). Ich stelle mich nicht direkt davor, ansonsten könnte mich das Pferd leicht umrennen, wenn es versuchen sollte, nach vorne zu gehen.
- Mit einem kleinen Ruck am Führstrick mache ich es kurz wach. Zugleich mit dem Stimmkommando „Zuuurüüüück", bewege ich mich auf das Pferd zu. Beide Hilfen wiederhole ich so lange, bis das Pferd den ersten Schritt rückwärts tritt. Danach wird sofort eine Pause eingelegt, und das Pferd wird gelobt.
- Nach einer kurzen Pause wiederhole ich diese Übung. Hat das Pferd den ersten Schritt rückwärts verstanden, folgte der 2. Schritt usw.

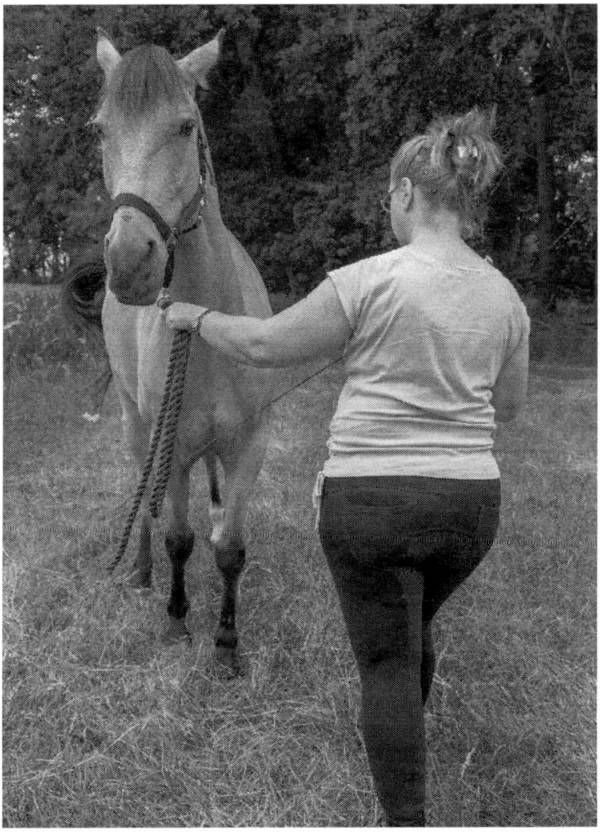

Abbildung 20: Rückwärts treten lassen: Der Pferdeführer steht leicht seitlich versetzt vor dem Pferd und geht in Richtung Schweif. Die Gerte dient als zusätzliches Signal, indem man mit ihr die Brust des Tieres antippt.

Sollte sich Dein Pferd so nur sehr zäh oder sogar gar nicht rückwärts schicken lassen, kannst Du eine Gerte zu Hilfe nehmen. Tippe Dein Pferd damit vorne an der Brust an, während Du das Stimmkommando gibst und auf das Pfer zugehst.

Gelegentlich gibt es Pferde, die sich komplett weigern, vor dem Menschen zu weichen. Sie rammen ihre vier Füße in den Boden und lassen Dich am ausgestreckten Arm verhungern. Um solche Kandidaten zu überlisten, gibt es einen ganz simplen Trick: Balle Deine freie Hand zur Faust, und lege diese in die Kuhle zwischen Halsansatz und Brust. Übe hier ein wenig Druck aus, das Pferd wird über kurz oder lang zurückgehen.

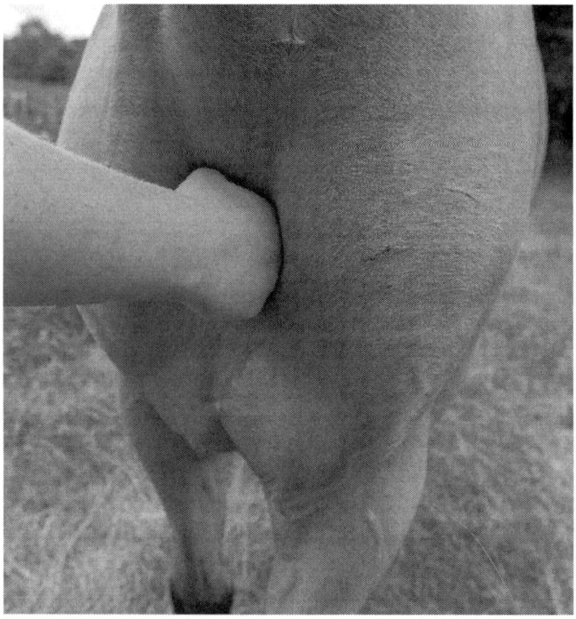

Abbildung 21: Bei unwilligem Rückwärts hilft es, die Faust leicht in die Kuhle am Halsansatz über der Brust zu drücken. Sofort nachlassen, wenn das Pferd weicht.

**Wichtig!**

Alle Übungen am Boden leben von der Wiederholung. Sie werden so lange bzw. so oft gemacht, bis das Pferd verstanden hat, was der Mensch von ihm will.

Dabei sollte immer nur in kurzen Sequenzen gearbeitet werden. Pferde können sich nicht lange am Stück konzentrieren, darauf sollte in jedem Fall Rücksicht genommen werden. Achte also darauf, dass es vom Kopf her nicht ermüdet und wähle die Reprisen entsprechend.

Am Anfang reichen zwei Minuten für eine Übung, dann folgt eine kurze Pause, ehe man die nächsten zwei Minuten trainiert.

## Wendung um die Vorhand

Viele kennen die Vorhandwendung vom Reiten. Sie ist dafür gedacht, dem Pferd den seitwärtstreibenden Schenkel zu erklären und so auf echte Seitwärtsbewegungen wie Schenkelweichen und später Seitengänge vorzubereiten.

Dies kannst Du bereits am Boden vorbereiten. Ziel der Wendung um die Vorhand am Boden ist es aber in erster Linie, in der Lage zu sein, die Hinterhand des Pferdes unabhängig vom Rest des Körpers zu bewegen.

Starten wir mit der Übung. Ich stelle das Pferd hin und lasse es ruhig stehen. Entspannt es sich (deutliche Zeichen sind z.B. ruhige Atmung, entspanntes Ohrenspiel, Hals fallen lassen), kann ich mit der Übung beginnen.

- Ich lasse den Führstrick etwas länger, ich möchte keinen Zug am Halfter.
- Danach gehe ich auf die linke Seite des Pferdes und positioniere mich ungefähr auf Oberschenkelhöhe.
- Jetzt spreche ich das Pferd an und gebe das Kommando: „Rum“. Dieses Kommando kennt das Pferd schon vom Anbinder. Des Weiteren gehe ich ein Stückchen auf das Pferd zu. Mein Blick fixiert den gleichseitigen Hüftknochen.
- Reagiert das Pferd und schwenkt die Hinterhand einen Schritt herum, nehme ich meine „Hilfen“ sofort weg und lobe das Pferd.
- Danach folgt der nächste Schritt zur Seite usw.

Abbildung 22: Wendung um die Vorhand: Auf das Pferd frontal zugehen, dabei fokussiert der Blick den gleichseitigen Hüftknochen.

Abbildung 23: Wendung um die Vorhand: Zur Unterstützung kann die Gerte an der Hinterhand angelegt werde.

Sollte das Pferd nicht reagieren, gehe ich etwas dichter an das Pferd heran, berühre es mit leichtem Druck am Oberschenkel und wiederhole das Stimmkommando. Bei Bedarf kann ich es auch mit der Gerte am Oberschenkel antouchieren (Gemeint ist ein leichtes Anfedern aus dem Handgelenk! Dieses kann bei Bedarf peu à peu etwas gesteigert werden. Draufhauen ist jedoch immer ein No-Go, denn so etwas untergräbt das Vertrauen massiv.)

<u>Ziel dieser Aufgabe ist</u>: Das Pferd soll lernen, dass es mir Platz machen soll, aber immer nur so weit, wie ich den Platz beanspruche. Daher gehen wir wirklich Schritt für Schritt vor. Wenn das sicher klappt, folgen mehrere Schritte auf einmal, aber auch dann immer nur so viele Schritte, wie der Mensch möchte.

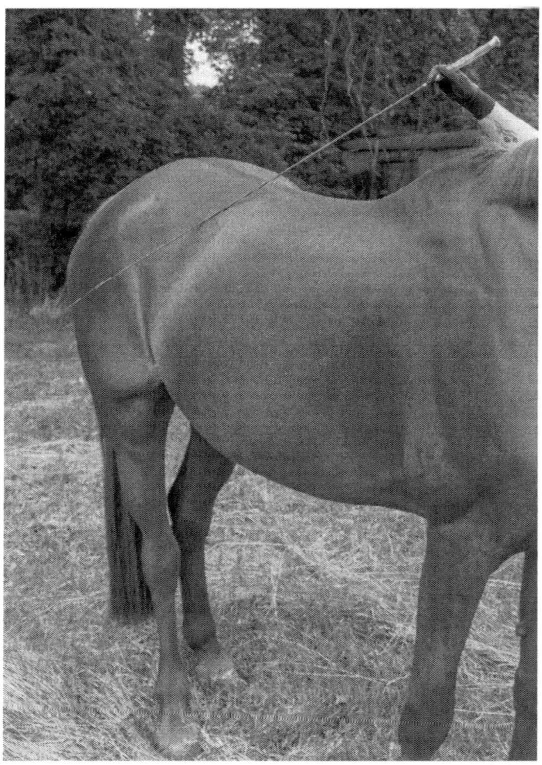

Abbildung 24: Lässt sich das Pferd beim Weichen nicht gut stoppen, kann die Gerte über den Rück geführt und auf der Außenseite angelegt werden.

Hat das Pferd die Übung zwei oder drei Mal gut ausgeführt, lobe ich das Pferd und es darf sich ein paar Schritte bewegen.

Ein Pferd ist ein Bewegungstier! Insofern kann auch Bewegung eine Form der Belohnung sein. Gerade bei Übungen, bei denen es stillstehen und sehr konzentriert mitarbeiten muss!

Je besser das Pferd diese Übung kennt, umso mehr Tritte kann ich es auf einmal weichen lassen. Und je besser es auf meine Körpersprache reagiert, desto weniger werde ich die Stimmhilfe oder den Druck am Oberschenkel des Pferdes anwenden müssen. Das Pferd begreift mit der Zeit, dass ich den Platz beanspruche und es mir den Platz überlassen soll, wenn ich die seitliche Position einnehme und ein bisschen in seine Richtung gehe. Zumindest, wenn es mich und meine Position respektiert.

Trainiere diese Übung bitte auf beiden Seiten. Unser Ziel sollte es immer sein, das Pferd auf beiden Körperseiten möglichst gleich geschmeidig und beweglich zu machen.

## Wendung um die Hinterhand

Natürlich lässt sich auch die Vorhand um die Hinterhand herum verschieben. Dies wird als Hinterhandswendung bezeichnet, eine schon recht anspruchsvolle Aufgabe, die daher beim Reiten erst ab der Klasse L gefordert wird. Immerhin kann man hiermit erste Versammlung erreiten.

Diese Wendung ist daher etwas komplizierter, weil Pferde sich gerne drumherum mogeln, mit der Hinterhand wirklich nur konsequent auf einem kleineren Kreis zu gehen, als mit der Vorhand. Häufig versuchen sie, stattdessen mit dem kompletten Körper zu schwenken. Dies wird beim Reiten als Mittelhandswendung bezeichnet, diese ist unerwünscht, da sie kein gymnastischen Wert besitzt.

<u>So klappt die Hinterhandswendung:</u>

- Wie bei jeder Übung beginne ich auch hier mit einem ruhig haltenden Pferd.
- Will ich die Vorhand nach rechts bewegen, positioniere ich mich auf der linken Seite des Pferdes auf Schulterhöhe.
- Ich berühre das Pferd an der linken Schulter mit der Hand oder Gerte und übe ein wenig Druck auf die Schulter aus.
- Zusätzlich führe ich den Kopf des Pferdes ein wenig nach rechts und gebe kleine Impulse am Strick, damit das Pferd versteht, dass es sich in die Richtung bewegen soll.
- Indem ich auf die Schulter zugehe, veranlasse ich das Pferd, mir mit der Schulter auszuweichen. Dabei verhindere ich durch Impulse am Führstrick, dass es nach vorne weggeht und sich entzieht.

Abbildung 25: Wendung um die Hinterhand: Hier geht es darum, die Schulter des Pferdes zu wenden. Deshalb ist die richtige Position in diesem Fall hier.

Auch hier ist Timing die halbe Miete: Macht die Vorhand den ersten Schritt in die richtige Richtung, setzte ich mit allen Hilfen aus und lobe das Pferd.

Bitte erarbeite die Hinterhandswendung ebenfalls Schritt für Schritt und lege dann eine Pause ein. Das Pferd soll nicht vor dem Menschen flüchten, sondern sich von ihm bewegen lassen.

## Seitwärts

Lässt sich Dein Pferd sicher führen und durchparieren? Kannst Du die Vor- bzw. Hinterhand ohne große Probleme flüssig seitwärts weichen lassen? Dann kannst Du das Seitwärts in Dein Training aufnehmen. Ich sage bewusst seitwärts, denn es handelt sich hierbei eher um ein Schenkelweichen, als um ein korrektes Schulterherein o.ä. Aber das ist die Basis, aus der Du alles Weitere entwickeln kannst.

- Such Dir für die ersten Male einen Zaun, oder übe in der Reithalle bzw. auf dem umzäunten Platz.
- Geh auf den zweiten Hufschlag.
- Du positionierst Dich neben dem Pferd. Im Gegensatz zu den bisherigen Übungen lässt Du Dich ein wenig weiter zurückfallen, etwa bis auf Gurthöhe.
- Pariere das Pferd sanft am Halfterstrick ab und nimm den Kopf ein wenig zu Dir herein. Es soll nicht nach vorne entweichen.
- Jetzt kommt die Gerte dazu: Lege sie an die Seite des Pferdes je nachdem, wo es gut darauf reagiert. (Bei dem einen ist der gleichseitige Oberschenkel eine gute Stelle, bei dem anderen funktioniert die Stelle am Bauch, wo der verwahrende Schenkel zum Einsatz kommen würde.) Lass die Hinterhand der Gertenhilfe weichen. Bei Bedarf kannst Du durch leichtes Antouchieren mit der der Gerte den Seitwärts-Impuls der Hinterhand verstärken.

- Kontrolliere die Vorwärtstendenz des Pferdes immer wieder über kurze, weiche Rucke mit dem Führstrick.

Abbildung 26: Im Seitwärts.

Abbildung 27: Hier orientiert sich die Pferdeführerin ein wenig mehr Richtung Mittelhand und das Pferd kreuzt deutlich.

Je routinierter ihr zwei werdet, desto eher könnt ihr die Übung ein wenig variieren. Halte das Pferd beispielsweise im Seitwärts an und lass es daraus direkt wieder ins Seitwärts antreten. Richte am Ende des Seitwärts die Vorhand wieder auf die Hinterhand ein und mache es so gerade, damit es geradeaus anhält.

Möchtest Du den Schwierigkeitsgrad steigern und zugleich noch den Gehorsam und die Durchlässigkeit Deines Pferdes fördern, kannst Du das Volltravers üben. Hierzu legst Du eine einzelne Hindernisstange auf den Boden, stellst Dein Pferd so, dass die Vorderbeine vor der Stange sind, die Hinterbeine dahinter.

Dann schickst Du es seitwärts. Die Stange soll dabei unter dem Bauch bleiben, die Füße jeweils auf ihrer Seite. Dies ist durchaus ein wenig kniffelig, denn Du musst durch Impulse am Führstrick dafür sorgen, dass Dein Pferd nicht vortritt und mit den Hinterbeinen über die Stange kommt. Zugleich musst Du aber auch zusehen, dass es nicht rückwärts geht und mit den Vorderbeinen hinter die Stange gerät. Mittels Touchieren an der Hinterhand schickst Du es seitwärts.

Abbildung 28: Volltravers über eine Stange: Der Pferdeführer steht ähnlich wie beim rückwärts richten, durch Anlegen der Gerte seitlich an der Hinterhand wird das Pferd zur Travers-Bewegung aufgefordert.

## Bodenarbeit 2: Jetzt wird's bunt!

So, inzwischen hast Du bereits eine ganze Menge geschafft. Ist Dir das selbst aufgefallen? Denn nun bist Du dazu in der Lage, mit Deinem Pferd weitestgehend störungsfrei zu kommunizieren. Ihr habt eine Verständigungsbasis gefunden, was ein entscheidender Schritt ist. Herzlichen Glückwunsch, Du sprichst jetzt „Pferdisch"!

Des Weiteren agierst Du nun grundsätzlich nach den Spielregeln der Art Pferd. Sprich: Du bist derjenige, der Dein Pferd bewegt und nicht andersherum. Damit hast Du Dich in seinen Augen hochgearbeitet und nimmst nun einen höheren Rang ein. Wenn Du zudem jetzt immer konsistent handelst, also stets das Gleiche lobst und das Gleiche unterbindest, wirkst Du in seinen Augen deutlich verlässlicher und bist somit eine vertrauenswürdige Person. Möglicherweise ist Dir ja auch bereits aufgefallen, dass Dein Pferd sich nun in Deiner Gegenwart entspannen kann. Im Idealfall lässt es in Deiner Nähe den Hals fallen, atmet ruhig, der Augenausdruck ist gelassen und das Maul entspannt.

Das ist doch schon einmal ein deutlicher Schritt in die richtige Richtung!

Damit euch zweien nicht langweilig wird, stelle ich euch nun ein paar weitere tolle Anregungen für die Bodenarbeit vor. In diesem Abschnitt geht es um die Elemente Balance, Muskelaufbau und Gymnastizierung. Viele Leute überrascht es, dass man auch so etwas durch Bodenarbeit erreichen kann, aber durch den cleveren Einsatz von Pylonen und Stangen klappt das hervorragend. Wie man es richtig anstellt, erkläre ich Dir jetzt.

## Pylonen

Abbildung 29: Slalomreihe.

Ich liebe die kleinen und bunten Hütchen. Sie sind beim Reiten eine perfekte Hilfe, weil sie vor allem bei der Biegearbeit hervorragende Dienste leisten können. Denn als Fixpunkt des Kreises genutzt, helfen sie dem Reiter, die richtige Bahn zu finden.

Aber sie können noch mehr! Gerade bei der Bodenarbeit sind Pylone toll, denn sie lassen sich schnell aufstellen und sind vielseitig einsetzbar. Dabei darfst Du Deiner Phantasie freien Lauf lassen. Überrasche Dein Pferd doch einmal mit einem Slalom um eine Hütchenreihe herum. Je nach eurem Stand kannst Du eine gerade Linie aufstellen oder damit eine Zirkellinie nachstellen. Auch über die Abstände kannst Du den Schwierigkeitsgrad steigern. Je enger die Hütchen stehen, desto mehr muss sich Dein Pferd biegen, um durch die Reihe hindurch zu kommen. Je geschmeidiger es ist und je williger es Dir folgt, desto mehr Hütchen bleiben stehen. Top ist es, wenn alle stehen bleiben.

### Slalom um Hütchen

Die Hütchen werden am Anfang der Übung so weit auseinandergestellt, dass sich das Pferd bequem, in einem recht flachen Bogen, um die Hütchen herumbewegen kann. Wenn das gelingt, kannst Du den Abstand immer ein bisschen mehr verringern.

- Du nimmst die übliche Führposition ein, lässt das Pferd antreten und gehst dann – etwas seitlich versetzt – auf die Hütchenreihe zu. Je nachdem ob Du Dein Pferd von links oder von rechts in die Hütchen einfädeln willst.
- Will ich das Pferd nach links bewegen, gehe ich ein wenig vom Pferd weg und gebe einen kleinen Impuls am Strick, um anzuzeigen, dass es mir in die Richtung folgen soll.
- Wenn ich weit genug von dem ersten Hütchen entfernt bin, nehme ich meinen linken Arm, hebe ihn so weit hoch, dass meine Hand vor das Auge des Pferdes kommt (natürlich in angemessenem Abstand!). So signalisiere ich dem Pferd, dass es hier nicht weiter geht und es nach rechts gehen soll. Gleichzeitig bewege ich mich wieder etwas auf das Pferd zu und dirigiere es zusätzlich mit meiner Schulter. Da es gelernt hat, meinem Körper zu weichen, wird nach rechts weggehen, und zwar so weit, wie ich dies benötige.
- Diese Manöver wiederhole ich immer wieder, bis ich das Pferd durch alle Hütchen im Slalom hindurchgelotst habe.
- Zum Schluss wende ich um das letzte Hütchen herum und gehe den Hütchenparcours wieder zurück.

Abbildung 30: Slalombogen zur Pferdeführerin hin.

Am Anfang und bei unaufmerksamen, stürmenden Pferden kann es Sinn machen, das Pferd neben jedem Hütchen kurz anhalten zu lassen und dann erst mit dem nächsten Hütchen weiterzumachen. Wenn das Pferd sicher genug ist, gehe ich die Hütchen-Linie in Abfolge durch.

Die Linienführung der Hütchen kann bei jedem Training variieren. Bei einer Trainingsrunde stelle ich die Hütchen in einer gerade Linie auf. Wenn das Pferd sicher durch die Hütchenreihe geht, stelle ich die Hütchen versetzt auf und ändere die Abstände oder lasse das Pferd zwischendurch anhalten. Der Fantasie sind da keine Grenzen gesetzt. Je abwechslungsreicher, umso besser. So wird die Balance des Pferdes trainiert und auch der Kopf bekommt etwas zu tun.

Auch hier gilt: Die Übung nur wenige Male über einen kurzen Zeitraum hinweg durchführen, damit das Pferd nicht ermüdet und mit einem Erfolgserlebnis aufhören kann. Schließlich möchten wir es motivieren und motiviert behalten!

## Alleskönner Stangen

Besonders gerne nutze ich Stangen für das Training am Boden, denn clever eingesetzt kann ich damit Pferde hervorragend gymnastizieren. Vor allem ältere Pferde, die gesundheitliche Probleme haben und erst einmal wieder Muskeln aufbauen sollen, profitieren vom Stangentraining ungemein.

Leider denken viele Pferdebesitzer gerne mal, dass Gymnastizieren nur etwas für Dressurreiter ist. Irgendwie hat das Wort den Geruch von schweißtreibender, öder Arbeit an sich und ein wenig den Geruch nach Turnhalle, wie damals in der Schule. Schade, denn wenn Du Dein Pferd lange gesund erhalten und ihm einen Gefallen tun möchtest, ist die Gymnastizierung wirklich entscheidend.

Schau Dir einmal die Pferde auf der Weide an. Sie rennen manchmal aus Übermut herum, spielen und toben. Mal abgesehen davon, dass ihnen das Spaß macht, sind diese Sachen auch von großer

Wichtigkeit. Ganz nebenbei trainieren sie damit spielerisch ihre Reflexe, stärken die Muskeln, verbessern die Geschicklichkeit und den Gleichgewichtssinn. Dadurch verbessert sich wiederum ihre Balance. Je mehr es seinem Körper aber vertrauen kann, je geschmeidiger und biegsamer es wird, desto selbstbewusster wird ein Pferd auch. Es fühlt sich in seinem Körper wohl, denn es weiß, dass dieser es im Zweifelsfall nicht im Stich lassen wird. Freude an der Bewegung ist wiederum die Voraussetzung für eine motivierte Mitarbeit.

All dies lässt sich hervorragend und kurzweilig mit Stangen-übungen erreichen.

## Die Stangenreihen

Gerade Pferde, die häufig auf dem ebenen Platz oder in einer gepflegten Halle gearbeitet haben, haben gelegentlich Defizite im Körpergefühl. Um sie zu animieren, die Füße besser zu setzen, auf den Untergrund zu achten und zugleich besser über den Rücken zu arbeiten, nutze ich gerne Stangenreihen.

Lege dazu 4-6 Stangen hintereinander auf den Boden. Wenn Du die Übung nach draußen verlegst, bietest Du Deinem Pferd zusätzlich noch weitere nützliche Eindrücke. Und Außenreize sind das A und O, um ein gelassenes Pferd zu bekommen.

Wenn Du es Deinem Pferd einfach machen möchtest, beachtest Du die Schritt- bzw. Trittlängen und hältst die jeweiligen Abstände zwischen den Stangen ein (Pferd: im Schritt 0,75-0,80 cm, im Trab 1,50 m im Trab; Ponys: 0,60-0,70 cm im Schritt, im Trab 1,20 m bis 1,40 m). Du steigerst den Schwierigkeitsgrad, wenn Du die Stangen mal weiter, mal enger legst. In diesem Fall muss das Pferd mehr auf seine Füße achten und Du trainierst seine Geschicklichkeit.

Geht das Pferd zügig neben Dir über die Stangen, ohne anzuschlagen und lässt es zudem noch Kopf und Hals sinken, hast Du alles richtig gemacht. Dann arbeitet die Bauchmuskulatur, das Pferd geht über den Rücken und die Hinterhand wird gestärkt.

Abbildung 31: Die Führerin geht energievoll mit ihrem Pferd durch die Reihe. Gut erkennbar ist, wie das Pferd aufmerksam die Stangen betrachtet und vorsichtig die Füße hebt.

## Die Gassen

Abbildung 32: Rückwärts in der Stangengasse. So lernt das Pferd auf einfache Weise, geradeaus rückwärts zu gehen ohne zu pendeln.

Auch aus zwei mit Abstand parallel gelegte Stangen, bieten wertvolle Übungsmöglichkeiten. Hiermit lässt sich beispielsweise hervorragend das gerade Antreten oder das gerade Rückwärtsrichten trainieren. Du kannst auch beides kombinieren, wenn Du und Dein Pferd bereits routinierter seid. Bei der „Schaukel" richtest Du das Pferd erst rückwärts und lässt es daraus energisch nach vorne antreten. Dies kannst Du steigern, indem Du das Rückwärts-Vorwärts mehrfach hintereinander ausführst. Mit dieser Übung bekommt man ein Pferd wunderbar auf die Hinterhand.

### Der Boxenstopp: Gasse mit Inhalt (Reifen)

Abbildung 33: Erhöhter Schwierigkeitsgrad: In der Stangengasse liegt ein Reifen. Das Pferd soll hier mit den Vorderhufen hineintreten und stehen bleiben. Bietet der Reifen genug Platz, kann es auch mit allen vier Füßen im Reifen „parken".

Kombiniere die Gasse ruhig einmal mit einem kleinen Geschicklichkeitsspiel. Du kannst, z.B. einen Hula-Hoop-Reifen oder einen alten Autoreifen, in der Gasse auf den Boden legen. Probiere nun, ob Du es schaffst, dass Dein Pferd nur einen (oder auch mehrere, wenn der Reifen groß genug ist) Fuß in den Reifen stellt und dort stehen lässt. Das kann durchaus ziemlich kniffelig sein. Allerdings bist Du dann bestens vorbereitet, falls Dein Schmied Dir mal empfehlen sollte, einen oder mehrere Hufe Deines Pferdes zu wässern, indem sie in einen Eimer Wasser gestellt werden.

## Das Dreieck

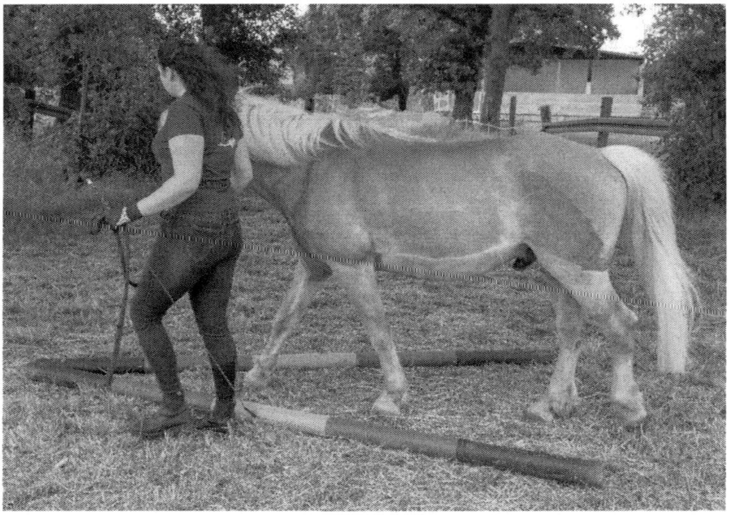

Abbildung 34: Das Dreieck eignet sich für Übungen wie punktgenaues Anhalten oder rückwärtsrichten.

Eine Abwandlung der Gasse ist das Dreieck. Hierfür benötigst Du wieder zwei Hindernisstangen, die Du wie ein gleichschenkliges Dreieck auf den Boden legst. Das Dreieck eignet sich besonders gut, wenn Du ein punktgenaues Halten trainieren möchtest. Die Form macht es dem Pferd einfacher, Deinen Wunsch zu verstehen.

Alternativ kannst Du das Dreieck ebenfalls nutzen, um wiederum das Rückwärtsrichten zu trainieren. Allerdings stellt es höhere Anforderungen an Dein Timing, denn hier kann es schneller passieren, dass die Hinterhand des Pferdes nach rechts oder links ausweicht.

## Das L

Abbildung 35: Beim Führen um die 90-Grad-Kurve muss sich das Pferd gut biegen.

Eine wirklich tolle Hilfe, um Deinem Pferd die Biegung im Körper zu erklären, ist das Stangen-L. Die Stangen fungieren dabei als optische Begrenzung, die Dein Pferd animieren, auf Kurs zu bleiben. Der 90 Grad Winkel stellt aber eine echte Herausforderung für ihre Geschicklichkeit dar. Sie kommen nur dann im Inneren der Gasse um die Kurve, wenn sie sich biegen. Und das ist gar nicht mal so einfach.

Die Wirbelsäule des Pferdes ist relativ unflexibel und lässt nur eine Krümmung von wenigen Grad zu. Das, was wir als Biegung bezeichnen, ist eigentlich eine Ausweichbewegung. Das Pferd bringt nämlich seinen Brustkorb nach innen, wenn es sich augenscheinlich durch den ganzen Körper gebogen um eine enge Kurve bewegt. Um das zu schaffen, muss ein Pferd schon ziemlich geschmeidig und biegsam sein. Etwas, was Dir beim Reiten das Leben unglaublich leichter macht!

## Das Quadrat

Abbildung 36: Das Quadrat eignet sich besonders gut, um einem Pferd die Rippenbiegung zu erklären. Durch die Orientierung an den Stangen ergibt sich die Biegung schnell und unproblematisch.

Wenn Du speziell an der Rippenbiegung bei Deinem Pferd arbeiten möchtest, ist das Stangen-Quadrat das Mittel der Wahl. Dabei führst Du Dein Pferd innen an den Stangen entlang (Du stehst dabei auf der Seite des Pferdes, die nach innen zeigt). In den Ecken solltest Du darauf achten, dass die Hinterhand nicht ausweicht, sondern sie die Biegung wirklich mitmacht.

Je nachdem, wie biegsam Dein Pferd bereits ist, kannst Du das Quadrat komplett schließen. So ist es kleiner und die Biegung wird gesteigert. Steckt Dein Pferd noch in den Anfängen und ist es vielleicht noch recht steif, legst Du die Stangen einfach ein wenig auseinander. Das heißt, Du lässt an den Ecken etwas Luft. So muss sich das Pferd „nur" in den vier Ecken biegen; eine konstante, dauerhafte Biegung erreichst Du dagegen mit dem kleinen Quadrat.

Achte darauf, beide Körperseiten Deines Pferdes gleichmäßig zu trainieren.

## Die Fächer

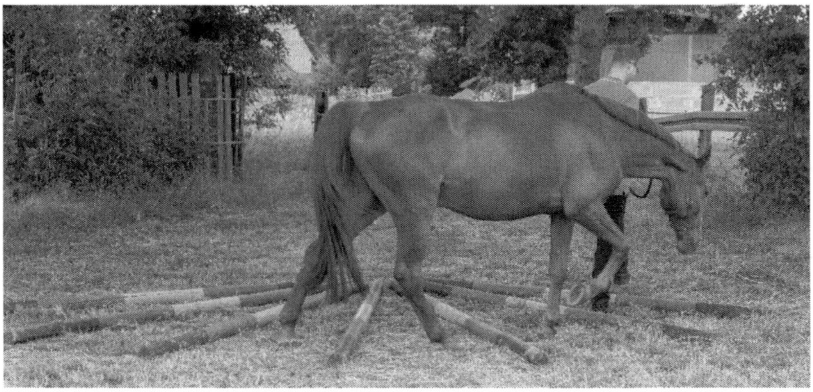

Abbildung 37: Durch die halbrunde Anordnung der Stangen ergibt sich die Rippenbiegung beim Pferd nahezu von selbst. Nur bei den letzten Stangen sollte der Pferdeführer aufpassen, hier „schummeln" die Pferde gerne mal.

Eine weitere schöne Übung, um die Biegung sowie die Geschicklichkeit Deines Pferdes auf einmal zu verbessern, ist der Stangen-Fächer. Hierzu legst Du mehrere Stangen hintereinander fächerartig auf den Boden. Achte dabei bitte auf gleiche Abstände. Die genauen Abmessungen musst Du nicht einhalten, denn beim Fächer kann sich das Pferd selbst aussuchen, welche Abstände die angenehmsten sind.

Führe Dein Pferd zügig an die erste Stange heran und lass es dann neben Dir durch den Fächer treten. Achte lediglich darauf, dass es die Stangen immer an der jeweils gleichen Stelle übertritt und es sich nicht aus der Biegung schummelt. In sich noch ziemlich schiefe Pferde werden dies bei den letzten Stangen ziemlich sicher versuchen.

Da Pferde die Fächerstangen „beobachten", wirst Du durch das Absenken des Halses bei einem gleichzeitigen deutlichen Anheben der Beine schnell positive Effekte für den Rücken feststellen können.

## Das Mikado

Das Mikado ist eine meine absoluten Lieblings-Aufgaben, denn hier können wir mehrere positive Effekte gewinnbringend nutzen. Zum einen verbesserst Du damit kurzfristig deutlich die Geschicklichkeit Deines Pferdes, denn die mal hoch oder mal tief gestellten Stangen verlangen einiges an Aufmerksamkeit von ihm. Doch damit nicht genug, denn zugleich muss es selbst einschätzen, wie hoch es die Beine heben muss und wo es sie platzieren kann.

Dabei wird das Mikado auch nach mehrmaligem Üben nicht langweilig. Da es keine vorgegebene Anordnung gibt, kannst Du die Stangen so legen, wie Du jeweils Lust hast (Mal so, mal so). Des Weiteren gibt es hier auch keine vorgegebenen Wege. Du führst Dein Pferd einfach kreuz und quer hindurch und lässt es sich seinen Weg suchen.

Abbildung 38: Das Mikado. Die Anordnung der Stangen ist beliebig. Der Phantasie sind kaum Grenzen gesetzt. Es sollte allerdings beachtet werden, dass die Stangen so liegen, dass es nicht zu Verletzungen kommen kann. Das Pferd kann kreuz und quer durch das Mikado geführt werden.

## Das Kleeblatt

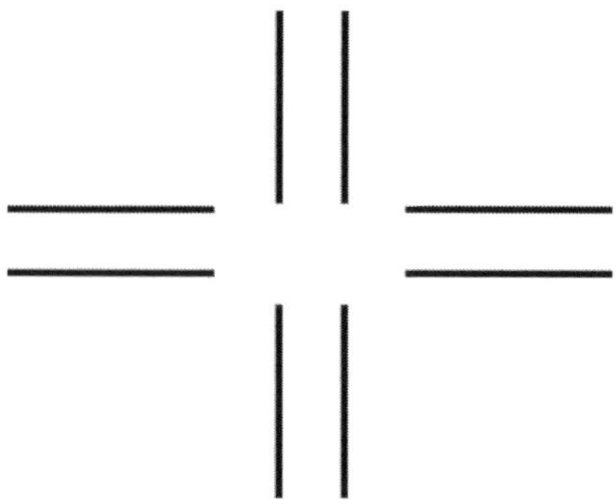

Abbildung 39: Das Stangen-Kleeblatt.

Als Beispiel, dass man auch mehrere Übungen miteinander kombinieren und sich einen kleinen, vielseitigen Übungskurs aufbauen kann, möchte ich Dir noch das Kleeblatt vorstellen. Dieses kannst Du, wie alle anderen Stangen- und Pylonenaufgaben übrigens ebenfalls, sowohl geführt als auch geritten absolvieren. Das macht die Stangenarbeit meiner Meinung nach noch attraktiver.

Beim Kleeblatt legst Du Dir mehrere Stangengassen hin und zwar so, dass sie jeweils auf 12, 15, 18 und 21 Uhr liegen. Du profitierst wieder von mehreren nützlichen Effekten, konkret verbesserst Du so Biegung, Geraderichtung und Aufmerksamkeit. Hier ein paar Beispiele, was sich mit dem Kleeblatt so alles anfangen lässt:

- Du kannst Dein Pferd auf einem großen Zirkelbogen um das Kleeblatt herumführen.
- Wenn Du es durch die Gassen leitest, trainierst Du seine Geraderichtung.
- Du kannst Volten und damit ein Höchstmaß an Biegung üben.
- Es lassen sich beispielsweise Achten einbauen.

Lass Deiner Phantasie freien Lauf! Bestimmt fallen Dir noch weitere interessante Aufgaben ein.

## Bodenarbeit 3: Den Kopf einschalten.

Pferde sind Fluchttiere. Das erklärt ihre schnellen Reaktionen und das Bedürfnis, sich erstmal in Sicherheit zu bringen und erst dann nachzudenken, ob das überhaupt erforderlich war. Dabei gibt es ein paar Ausreißer, die noch fluchtbereiter sind als der Rest der Art und uns mit ihren überschießenden Schreckreaktionen manchmal wirklich eiskalt erwischen. Manchmal kann sich das zu einer echten Nervenprobe auswachsen. In einigen Fällen geht es sogar so sehr schief, dass der Pferdebesitzer am Ende mit Angst dasteht.

Clevere warten gar nicht erst, bis es soweit kommt.

Ein Weg zu einem deutlich gelasseneren Pferd ist wiederum die Bodenarbeit. Hier kannst Du schon viele Dinge regeln, ehe Du auch nur einen Fuß in den Bügel setzt. Ich persönlich bin davon überzeugt, dass sich insgesamt weniger Reitunfälle ereignen würden, wenn wir unsere Pferde zuvor am Boden besser kennenlernen würden. Denn so hätten wir eine Chance, seine Reaktionen und seine Reizschwelle zu beobachten und im Gegenzug könnte das Pferd lernen, dass es in unserer Gegenwart keine Furcht haben muss. Wir sorgen nämlich für seine Sicherheit.

Gerade wenn Du Dir mehr Gelassenheit für Dein Pferd wünschst, solltest Du mit einem Anti-Schreck-Training vom Boden starten.

Achte bei diesen Übungen bitte unbedingt auf Deine innere Grundhaltung! Um Dein Pferd davon zu überzeugen, dass ihm nichts geschieht und es zudem in Deiner Nähe grundsätzlich wirklich sicher ist, musst Du jede Menge Gelassenheit ausstrahlen. Einige Beispiele dafür:

- Nimm Dein nervöses Pferd nicht so ernst. Vor allem rege Dich nie über Dein Pferd auf! Atme tief durch, amüsiere Dich darüber und bleib lässig. Anspannung würde Dein Pferd immer missverstehen! Es würde denken, dass Du Dich aufregst, weil es dort wirklich eine Gefahr gibt. Und schon hängt ihr in einem Teufelskreis fest.

- Schnaub ruhig mal selbst ab. Viele Pferde machen das nach. Abschnauben heißt nämlich entspannen.
- Schau ruhig kurz zu der Sache hin, aber blick dann wieder in die Richtung, in die Du wolltest. Du signalisierst damit Deinem Pferd: „Ja, ich hab's gesehen, aber ich finde das nicht dramatisch." Dann machst Du gelassen weiter. Für Dein Pferd heißt das, dass die Sache gar nicht so schlimm sein kann, wenn Du so cool bleibst und Dich nicht feststarrst.
- Atme entspannt. Wenn Du merkst, dass Du die Luft anhältst, pfeif einfach oder sing ein Liedchen, dann musst Du atmen.

Viele Pferdemenschen haben das Bedürfnis, ihren vierbeinigen Partner in Schrecksituationen zu beruhigen. Es wird gestreichelt und gelobt. Aber diese Reaktion ist leider ziemlich unpassend, denn Du lobst Dein Pferd in so einem Fall dafür, dass es sich aufregt: „Brav! Danke, dass Du aufgepasst hast! Mir wäre das sonst komplett entgangen und uns hätte der Puma gefressen."

Was wäre besser? Genau, erst dann loben, wenn sich das Pferd wieder beruhigt hat oder wenn es zu der Sache hingegangen ist und sie sich anschaut. Dann kannst Du streicheln, loben, Leckerlis geben und das mit Recht!

## Eine Plane

Abbildung 40: Bei unbekannten, potenziell Angst auslösenden Objekten sollte das Pferd immer genug Zeit bekommen, das Ganze genau zu begutachten.

Viele Pferde sind bodenscheu, d.h. sie sind unsicher, wenn der Boden plötzlich anders aussieht. Klassiker sind Sonnenflecken in der Reithalle, um die sich die Pferde wild schnaubend herumwinden. Bloß nicht drauftreten! Es könnte sich ja der Boden auftun und ein Säbelzahntiger zum Vorschein kommen.

Du kannst Deinem Pferd helfen, diese Unsicherheit vor unbekanntem Boden abzulegen. Ich benutze dazu gerne Planen. Je nach Material sind sie mal schwerer und glatter, mal sind sie kuscheliger und knistern, wenn man darüber geht.

Führe Dein Pferd zunächst an die Plane heran. Bleib dabei unbedingt gelassen! Gegebenenfalls kann es sinnvoll sein, wenn Du voran gehst und Deinem Pferd so signalisierst, dass die Plane es nicht fressen wird. Fass sie ruhig an, streichele die Plane. Dann halte Deinem Pferd mal die Hand hin und lass es schnuppern. Bei hartnäckigen Fällen kann es hilfreich sein, wenn auf der Plane Leckerlis auftauchen, die sich das Pferd selber holen sollte.

Setzt es den ersten Fuß auf die Plane, kann man es loben. Zeig ihm, dass es ganz toll ist, wenn es sich so mutig verhält. In der Regel folgen dann auch die nächsten Füße ganz schnell. Anfangs versuchen Pferde meist, schnell über die unheimliche Plane zu gehen. Je mutiger und unerschrockener sie werden, desto eher kannst Du sie auch einmal einen Moment ruhig darauf stehen lassen. Dann ist es unbedingt Zeit für ein Leckerli.

## Ein Ball

Abbildung 41: Das Pferd beäugt erst misstrauisch den großen Ball und geht dann problemlos ganz dicht vorbei.

Viele Pferde haben Angst vor Bällen. Kein Wunder, sie hüpfen hoch und runter oder springen unvorhersehbar herum. Da es bei einem Ausritt immer mal wieder passieren kann, dass der Ball von spielenden Kindern versehentlich unter das Pferd rollt oder man an einem Bolzplatz vorbei muss, ist ein Anti-Schreck-Training mit dem Ball wirklich sinnvoll.

Dabei kannst Du das Ganze langsam steigern. Starte zuerst mit einem normalen Fußball oder Spielball. Ich arbeite gerne mit den großen Sitzbällen, denn sie sind zudem auch sehr stabil und halten auch dann noch, wenn mutiger werdende Pferde damit verrückte Sachen machen. Persönlich habe ich es schon mehrfach erlebt, dass gerade zunächst sehr ängstliche Pferde, anfangen den großen Ball zu lieben. Dann gibt es kein Halten mehr und sie spielen Fußball oder machen lustige „Kampf“-Spiele mit dem Gummi-Gegner.

Genau wie bei der Plane lässt Du Deinem Pferd Zeit, sich den Ball in Ruhe anzuschauen. Das kannst du erst aus sicherer Distanz ausführen, bevor dann der Ball langsam näherkommt. Rolle ihn vorsichtig gegen die Pferdebeine, ist das Pferd mutig, solltest Du es unbedingt loben. Der nächste Schritt wäre dann, dass es den Ball mit dem Maul untersucht oder ihn vorsichtig mit dem Bein wegschubst.

## Der Gelassenheits-Trail

Beim Gelassenheitstraining gibt es 1001 Sache, die Du üben kannst. Je mehr Dein Pferd kennt, desto abgeklärter wird es werden. Mache es also ruhig mal mit Regenschirmen bekannt, mit Luftballons, Holzbrücken, Vorhängen aus Flatterband oder garniert mit Poolnudeln, Klappersäcke. Deck es mit Planen zu oder mach, was Dir sonst noch so einfällt.

Vielleicht sprichst Du Dich mit den Leuten in Deinem Stall ab, und ihr veranstaltet regelmäßig einen Gelassenheits-Trail, bei dem mehrere unterschiedliche Stationen aufgebaut und absolviert werden können. Zusammen macht das garantiert noch mehr Spaß, und wenn ein Pferd sehr ängstlich sein sollte bei einer Aufgabe, kann ihm ein anderes Pferd etwas mehr Mut vermitteln, indem es vorangeht und zeigt, dass alles gar nicht so schlimm ist.

Achte auch hier stets darauf, selbst möglichst entspannt zu bleiben, gehe in kleinen Schritten vor und achte unbedingt auf Dein Timing beim Loben!

## Bodenarbeit 4: Zu Höherem berufen?

Viele Pferdehalter sind überrascht, wenn sie feststellen, dass Bodenarbeit nach Führübungen, Training mit Stangen sowie Gelassenheits-Parcours noch immer nicht am Ende mit seinen Möglichkeiten ist. In Wahrheit geht es hier sogar eigentlich erst so richtig los. Und Du hast eine Menge interessanter Optionen für Dein Pferd und Dich zur Auswahl!

Viele Pferde lieben beispielsweise Zirkuslektionen. Gemeinsam erarbeitete Tricks stärken nicht nur das Band zwischen Pferd und Mensch und sorgen so für mehr Vertrauen insgesamt, sondern sie steigern auch die Motivation zur Zusammenarbeit und gymnastizieren sogar ganz nebenbei.

Die Arbeit an der Hand auf hohem Niveau ist ein altes Kulturgut, das man lange Zeit nur in der Spanischen Hofreitschule in Wien erleben konnte. Dort vollführen Lipizzaner am langen Zügel ganze Dressurküren der höchsten Schwierigkeitsstufe oder zeigen kunstvolle Schulsprünge wie Kapriolen und Courbetten, die eigentlich einmal dazu gedacht waren, den Rittern im Kampf das Leben zu retten. Durch die Wiederbelebung der Klassisch-barocken Reiterei hat die Arbeit in der Hand auch im Freizeitbereich Einzug gehalten, sehr zum Wohl der Pferde. Auch Du kannst sie in Dein Training integrieren, wenn Dich das reizt.

Falls Dich die Freiarbeit mit Pferden besonders fasziniert, solltest Du sie ebenfalls ruhig einmal ausprobieren. Sie ist eine wunderbare Sache, um das Pferd noch feiner auf Deine Gesten und Deine

Körpersprache abzustimmen. Das wiederum vertieft das gegenseitige Vertrauen. Und seien wir doch mal ehrlich: Wenn sich das Pferd uns freiwillig anschließt, geht einem doch als Tierhalter direkt das Herz auf.

Im Folgenden stelle ich Dir ein paar Möglichkeiten vor, in welche Richtung Du mit Deinem Pferd weiterarbeite kannst, wenn die Basics der Bodenarbeit sitzen. Dies soll als Anregung dienen, vielleicht hast Du ja mal Lust, die Themen zu vertiefen?

## Das Kompliment

Abbildung 42: Vorübungen zum Kompliment: Das Pferd ist im Begriff, sich auf das Vorderfußwurzelgelenk abzulegen.

Eine wunderschöne Übung aus dem Zirkus, die immer wieder für Begeisterung sorgt, ist das Kompliment. Hierbei handelt es sich um eine vornehme Verbeugung des Pferdes, die gerne als Dankeschön an das Publikum am Ende des Auftritts präsentiert wird. Dabei streckt das Pferd das eine Vorderbein vorne heraus, lässt sich langsam auf die Vorderröhre des anderen Beines herunter und senkt ein wenig den Kopf. Dadurch wirkt es fast so, als würde es einen „Knicks" machen.

Bei Zirkustricks wird teilweise mit der Fußlonge gearbeitet. Das sollte man aber den Profis überlassen. Mit etwas Geduld kannst Du Deinem Pferd das Kompliment jedoch auch so beibringen.

Grundvoraussetzung ist, dass Dein Pferd gelernt hat ruhig zu stehen. Optimal ist es natürlich, wenn es auch ohne Halfter und Strick wie eine Statue bei Dir steht, aber das ist kein Muss. Bitte achte ebenfalls darauf, dass ihr auf weichem Untergrund trainiert, damit die empfindlichen Pferdebeine nicht zu Schaden kommen.

<u>So sind die einzelnen Schritte:</u>

Stell Dich auf einer Seite neben Dein Pferd, Gesicht nach vorne. Gib das Stimmkommando „Kompliment" und touchiere dabei das Bein Deines Pferdes am vorderen Röhrbein. Wiederhole das bei jeder Übung, damit Dein Pferd versteht, dass es diese Übung nur auf Aufforderung hin ausführen soll. Berühre zudem immer die gleiche Stelle am Bein, damit das Pferd das Touchieren als Signal für das Kompliment versteht.

Wenn Du rechts neben dem Pferd stehst, hebst Du nun mit der rechten Hand den Huf hoch. In der linken Hand hast Du eine große Möhre, mit dieser lockst Du den Pferdekopf zwischen den Vorderbeinen hinunter. Nach und nach geht Deine Hand immer weiter nach hinten in Richtung der Hinterbeine, damit das Pferd immer tiefer mit Kopf und Hals runter muss. Bitte sei hier sehr geduldig! Das wird einige Zeit dauern, denn sich in diese Haltung zu begeben, ist für Pferde ein großer Vertrauensbeweis. So könnte es nicht jederzeit fliehen.

Achte dabei auch darauf, dass das Pferd die Hinterbeine möglichst weit hinten herausstellt. Ansonsten kann es die für das Kompliment erforderliche Streckstellung der Vorderbeine nicht einnehmen. Wenn es die Hinterbeine nicht selbst zurücknimmt, kannst Du ihn mit Stimme oder Touchiergerte dazu animieren.

Bitte achte darauf, dass Du solche Lektionen möglichst immer von beiden Seiten trainierst, um Dein Pferd nicht einseitig zu belasten.

## Der Spanischer Schritt

Abbildung 43: Spanischer Schritt: Zunächst wird im Stand geübt, bis das Pferd begriffen hat, dass es mit dem Bein in Richtung der vorgehaltenen Gerte gehen soll. So entsteht die Höhe der Bewegung, die wiederum die Schulter frei macht.

Es ist unglaublich imposant, wenn ein Pferd im stolzen Spanischen Schritt daher kommt! Falls Dich das ebenfalls begeistert, kannst Du auch Deinem Pferde diese erhabene Bewegung beibringen. Schöner Nebeneffekt: Der Spanische Schritt verhilft auch allen Nicht-Spaniern zu mehr Schulterfreiheit und gesteigerter Selbstsicherheit. Insofern ist die Lektion bei ängstlichen Pferden einen Versuch wert.

Ziel ist es, dass das Pferd ein Vorderbein nach dem anderen hoch anhebt und weit streckt. Dabei tritt die Hinterhand energisch mit, damit der Rücken sich aufwölbt. Ob er das tut, lässt sich meist gut an der Kopfhaltung erkennen. „Sternguckerei" ist ein Fehler. Eine etwas freiere Anlehnung ist erwünscht.

Abbildung 44: Hier ein entwickelter Spanischer Schritt in der Vorwärtsbewegung: Das Pferd hebt das Bein an und setzt es mit Streckung nieder.

Auch für den Spanischen Schritt sollte Dein Pferd brav neben Dir stehen und die Gerte als Hilfsmittel akzeptieren. Wähle nun eine Stelle am Vorderbein zwischen Vorderwurzelgelenk und Brust aus. Dabei solltest Du darauf achten, wo Dein Pferd gut reagiert. Nutze am besten eine Stelle auf der Vorderseite des Beines. Touchiere es nun mit der Gerte (Du kannst auch leicht streicheln, je nachdem worauf Dein Pferd besser reagiert). Sobald eine kleine Reaktion kommt, hörst Du mit der Gerte auf und lobst. Optimal ist es, wenn Dein Pferd mit dem Huf ein wenig auf den Boden aufstampft, denn dann hebt es sogar bereits den Fuß.

Im Folgenden touchierst Du die Stelle an der Vorderseite immer wieder, bis Dein Pferd die ersten Anzeichen zeigt, ein wenig ärgerlich nach der lästigen Gerte zu „hangeln". Denn wenn es das begriffen hat, kannst Du es mit Hilfe der Gerte veranlassen, das Bein leicht immer weiter hoch und nach vorne zu nehmen. Hast Du den Spanischen Gruß (Bein heben und austrecken im Halten) installiert, beginnst Du mit dem eigentlichen Spanischen Schritt in der Bewegung. Dabei kann es Sinn machen, erst die Polka zu trainieren, dabei lässt Du ihm zwischen dem abwechselnden Heben der Vorderbeine immer noch zwei normale Schritte Zeit, sich zu sortieren. Lass es dazu zwei Schritte gehen, halt an und fordere die Beinstreckung. Dann geht es weiter vorwärts usw. Wenn dies gut klappt, ist die Bahn frei für einen tollen Spanischen Schritt.

## Von der „Bergziege" zur Piaffe

Wer Spaß an anspruchsvolleren Lektionen hat, kann diese ebenfalls spielerisch am Boden entwickeln. Die Piaffe ist beispielsweise nicht nur eine Übung, die ausschließlich Barockpferden oder Dressur-Cracks auf höchstem Niveau vorbehalten ist. Von ihr können auch „Normalo-Pferde" wunderbar profitieren.

Eine Piaffe kannst Du beispielsweise aus der Übung „Bergziege" einfach entwickeln. Denn bei der Bergziege lernt das Pferd, seine Beine auf Dein Kommando hin einzeln zu setzen. Ganz nebenbei kann der Rücken des Pferdes so gestretcht werden. Vorbedingungen: Dein Pferd steht ruhig neben Dir und akzeptiert die Gerte als Hilfe. Es darf nicht danach schlagen.

Ziel ist es, dass sich die Stützbasis des Pferdes verkleinert, indem es seine Hinterbeine weit unter den Körper bringt. Dabei gehst Du in kleinen Schritten vor:

- Touchiere ein Hinterbein an.
- Setzt das Pferd den Huf ein wenig weiter vorne (in Richtung Bauch) wieder auf den Boden, lobst Du es.
- Bei Bedarf kannst Du ihm helfen: Indem Du den Huf etwas nach vorne schiebst. Dies klappt, wenn Du mit Deinem Fuß in der Fesselbeuge ein wenig Druck ausübst.
- Das Leckerli bekommt das Pferd vorne in Bodennähe gereicht, damit es lernt, den Kopf in dieser Übung zu senken und den Rücken maximal aufzuwölben.
- Optimal ist es, wenn die vier Füße hinterher so eng zusammenstehen, dass das Pferd auf einem großen Teller Platz hätte (als mentales Bild für Dich).

Abbildung 45: Vorübung für die Bergziege. Das Pferd lernt, dass es auf das Antouchieren hin, das jeweilige Hinterbein etwas weiter nach vorne unter den Körper setzen soll.

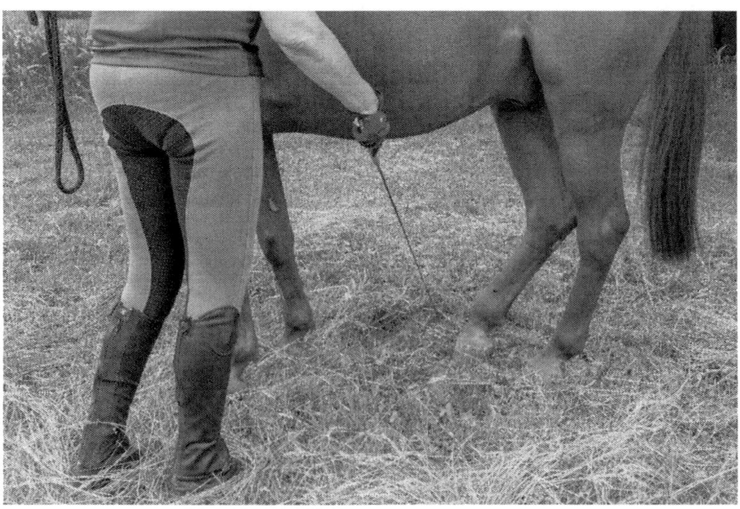

Abbildung 46: Heranschließen der Beine für die Bergziege.

Um die ersten Piaffe-Tritte zu erhalten, reicht es nach dem Üben der Bergziege oftmals bereits aus, die Hinterbeine abwechselnd anzutouchieren, wenn Du zuvor etwas mehr Energie ins Pferd gebracht hast.

Wohlgemerkt: Entwickele die Piaffe bitte nicht, wenn das Pferd in der Bergziege steht! Dann erhältst Du Piaffe-Tritte mit rückständigem Vorderbein, was biomechanisch unglücklich ist. So wird es sich selbst blockieren, wenn Du eine Piaffe verlangst. Nutze vielmehr das Gelernte, nämlich dass Dein Pferd auf das Gertensignal hin die Hinterbeine einzeln benutzt und ein wenig nach vorne Richtung Schwerpunkt wieder auf den Boden setzt. Dann ergeben sich meist schnell die ersten diagonalen Tritte bei nur geringem Raumgewinn.

## Fahren vom Boden

Falls Du die Doppellonge sowieso schon für das Training Deines Pferdes nutzt, kannst Du mit ihr auch das sogenannte „Fahren vom Boden" üben. Hierbei handelt es sich um eine mögliche Vorstufe der echten Arbeit am langen Zügel.

Um das Fahren am Boden zu trainieren, machst Du Dein Pferd fertig wie für eine Einheit mit der Doppellonge, d.h. Trense, Longiergurt und Doppellonge. Zieh die Doppellonge einfach durch einen der unteren Ringe: ein Ende rechts, eines links, und hake die Karabiner in die Gebissringe. Diese Art der Verschnallung ähnelt der Zügelführung beim Reiten sehr stark, weshalb sie den meisten Pferdehaltern etwas mehr entgegenkommt. Umlenkrollen und andere Verschnallungen gehören unbedingt in die Hände von Profis!

Sorge bitte dafür, dass sich Dein Pferd vor dem ersten Probieren ordentlich austoben konnte, damit Du nicht auch noch gegen potenzielle innere Anspannung ankämpfen musst, denn die ungewohnte Position des Menschen wird ihm schon genug zu denken geben.

Nutze für die ersten Male unbedingt eine Halle oder einen eingezäunten Platz! Starte im Schritt. Lass das Pferd am relativ langen Zügel außen auf dem Hufschlag gehen, achte darauf, dass Du genügend Abstand zum Pferd hältst und leicht seitlich versetzt gehst (Bitte nicht direkt hinter dem Schweif, dort kann Dich Dein Pferd nicht sehen). Die restliche Doppellonge bitte in gleich großen Schlaufen aufwickeln und diese in einer Hand halten. In der anderen hast Du die Bogenpeitsche.

Gut ist es, wenn Dich die ersten Male ein Helfer unterstützt, der Dein Pferd an eine kurze normale Longe nimmt und etwa 4-5 Meter vor ihm her geht, so kann es sich an die Situation gewöhnen und Du hast Gelegenheit, Dich erstmal zu „sortieren". Nach und nach kann sich der Helfer zurückfallen lassen und irgendwann die Longe ausschnallen und weggehen.

Das Schöne beim Fahren vom Boden: Du kannst alle Bahnfiguren ausführen, genau wie beim Reiten! Anfangs solltest Du Antreten und Halten üben sowie einfache Wendungen und Handwechsel. Achte bei den Wendungen darauf, dass Du ein wenig zur Seite trittst und so aus dem „Windschatten" des Pferdes kommst. So kann es Dich aus dem Augenwinkel sehen und Du signalisierst ihm, dass es in Deine Richtung wenden soll. Es soll sich quasi um Dich biegen (so als kleiner Gedankentipp). Seid ihr allmählich sicherer, so kannst Du den Trab und auch Lektionen wie Seitengänge hinzunehmen. Gerade die Seitwärtsbewegungen lassen sich gut beim Fahren am Boden erarbeiten, denn Du kannst z.B. die Hinterhand einfach mit der Doppellonge hereinführen oder nach außen gehen lassen. Kombiniere dies mit Deinem Körper. Er kann gerade bei solchen Aufgaben exzellent als Hilfe eingesetzt werden. Durch die Position seitlich vom Pferd lässt sich die Kruppe noch leichter verschieben. Wenn das Pferd die Hilfengebung verstanden hat, lässt es sich beispielsweise auch problemlos durch eine Slalomreihe „fahren".

Abbildung 47: Fertig zum Fahren vom Boden. Eine schöne Übung für ältere Pferde, die nach einer Verletzungspause erst wieder etwas aufmuskeln müssen.

## Freiarbeit: Anfänge

Etwas, das immer mehr Menschen fasziniert, ist die Freiarbeit mit dem Pferd. Für viele ist es absolut bewegend mitzuerleben, wie ein so schönes, kraftvolles Tier ohne Zaum oder Sattel willig auf kleinste Fingerzeige reagiert und sich leiten lässt.

Falls auch Du die Freiarbeit mit Deinem Pferd probieren oder optimieren möchtest, habe ich ein paar Anregungen für Dich. Aber bevor man mit dieser Art des Pferdetrainings startet, sollte man unbedingt genügend Grundkenntnisse über Pferdeverhalten gesammelt haben und sein Pferd entsprechend einschätzen können. Ist die Beziehung geklärt, können beide Parteien durchaus Spaß an Fangspielen haben, wenn nicht und wird aggressives Verhalten fehlinterpretiert, sind Unglücke vorprogrammiert. Wenn schlecht gelaunte 600 Kilo Pferd mit gebleckten Zähnen auf einen losjagen, ist der Spaß ganz schnell vorbei.

Etliche Pferdehalter nutzen die Freiarbeit meist nur als schnelle Art und Weise, um dem vierbeinigen Partner mal eben Bewegung zu verschaffen oder es auszupowern, ehe sie reiten. Das ist sehr schade, denn Freiarbeit funktioniert wunderbar, um die Beziehung von Mensch und Pferd zu stärken und hilft beim Gymnastizieren.

Grundregel bei der Freiarbeit: Nur in einem sicher und genügend hoch eingezäunten Bereich! Ein kleiner E-Zaun ist zu wenig, Spiegel sollten abgehängt und die Hallentür gegebenenfalls geschlossen werden. Ansonsten sind übermütige Pferde schneller weg, als man gucken kann. Achte bitte ebenfalls auf einen griffigen und nicht zu tiefen Boden, ansonsten droht Verletzungsgefahr bei Schnellstarts oder flotten Runden. Als Hilfsmittel bevorzuge ich eine Bogenpeitsche, weil die schön leicht in der Hand liegt und keinen zu langen Schlag hat, der sich verknoten könnte.

Du gehst mit dem Pferd zunächst in die Mitte der Bahn, behalte es noch einen Moment bei Dir, ehe Du den Führstrick abmachst. Dann schickst Du das Pferd von Dir weg.

Im Folgenden gibst Du erst einmal nur zwei Sachen vor:

- Das Pferd soll sich bewegen, in der Gangart, die DU(!) möchtest.
- Du bestimmst die Richtung (also rechte oder linke Hand).

Den Rest darf das Pferd entscheiden. Du greifst nur ein, falls es zu wild toben oder rennen sollte. Dann beruhigst Du es mit der Stimme. Falls Du Dein Pferd erstmal nur ein wenig laufen lassen möchtest, begleitest Du es ruhig. Gehe dazu in kleinen Kreisen und bleib in der neutralen Position, d.h. Deine Brust zeigt in Richtung Mittelhand.

Um das Tempo und die Gangart zu kontrollieren, hast Du zwei Mittel: die Peitsche und Deinen Körper. Möchtest Du, dass das Pferd schneller läuft oder in eine höhere Gangart springt, gib das entsprechende Kommando, z.B. „Trab/ Galopp“, „Los/ Auf!“ und lass Dich ein wenig zurückfallen, bis Du auf Höhe der Hinterhand bist. Dies ist die vortreibende Position. Den Effekt kannst Du mit

Hilfe der Peitsche noch etwas unterstützen (die Spitze zeigt in Richtung Sprunggelenk, der Schlag wird hinter dem Pferd „hergeworfen").

**Mein Tipp:**

Viele Menschen haben ein Problem damit, in der vortreibenden Position zu bleiben und kommen immer wieder „vor" das Pferd. Dies kannst Du vermeiden, indem Du Deinen Blick konsequent auf den Hüftknochen auf Deiner Seite richtest.

Soll das Pferd langsamer werden, gibst Du das entsprechende Kommando („Ho", „Langsam" etc.) und positionierst Dich so, dass Dein Brustkorb in Richtung Vorhand ausgerichtet ist. Du unterstützt die verhaltende/ bremsende Wirkung, indem Du die Gertenspitze in Richtung vor die Brust des Pferdes weisen lässt. Reicht dies nicht aus oder willst Du das Pferd stoppen bzw. wenden, arbeitest Du Dich noch weiter vor. Und zwar so, dass Du dem Tier quasi mit Deinem Körper den Weg nach vorne zu machst. Das bedeutet nicht, dass Du Dich vor das Pferd wirfst! Respektiert Dich Dein Pferd genügend und trittst Du mit ausreichender Präsenz und Ruhe auf, so wird es rechtzeitig bremsen oder eine Wendung einleiten, denn es hat gar keine Ambitionen, Dich als „Chef" umzurennen.

Kommt es Dir doch einmal zu nahe, gilt eine eiserne Grundregel: Dein Individualraum gehört Dir (Ohne Ausnahme). Anrempeln und auch zu nahe Kommen ohne Aufforderung wird sanktioniert! Je nach Schweregrad abgestuft.

Die Freiarbeitseinheit beendest Du, so wie Du sie ja auch begonnen hast. Lass den Druck weg, damit sich Dein Pferd auslaufen und ein entspanntes Tempo wählen kann. Jetzt kannst Du passiv werden und abwarten.

Manchmal kommt er dann, der magische Moment, wenn Dein Pferd den Kontakt auf höfliche Art und Weise zu Dir sucht. Es wendet seinen Kopf zu Dir und kommt dann langsam zu Dir hin. Meist bleibt es dann einen Moment lang höflich in angemessenem Abstand vor

Dir stehen, bis Du es einlädst, zu Dir zu kommen. Ein großartiges, beeindruckendes Erlebnis!

## Der Dauerbrenner: Verladen

Na, geht es Dir auch so? Für viele Pferdeleute ist das Verladen der entscheidende Grund, um sich einmal intensiver mit dem Thema Bodenarbeit auseinander zu setzen. Etwa weil deshalb der letzte Ausritt mit Freunden ins Wasser gefallen ist oder der lang ersehnte Wanderritt mit Mega-Stress startete. Schlicht und ergreifend, weil Dein Pferd spontan andere Pläne hatte, als es auf den Hänger steigen sollte.

Verständlich, denn in einen Anhänger einzusteigen, ist für ein Pferd wirklich Vertrauenssache. Was soll ein Steppenbewohner und Fluchttier auch davon halten, wenn es in einen winzigen, dunklen Raum einsteigen soll, bei dem es in einem engen Abteil steht und wo ihm durch die hintere Klappe der Ausweg versperrt wird. Und auf der Fahrt wird es, je nach dem Geschick des jeweiligen Pkw-Fahrers, auch noch mehr oder weniger durchgerüttelt und muss um in Kurven und beim Bremsen um sein Gleichgewicht kämpfen.

Hand auf's Herz: Würdest Du unter diesen Umständen vor Freude in die Luft springen, wenn Du da rein müsstest? Wohl eher nicht.

Die Lösung für dieses Dilemma ist letztlich ganz simpel: Wenn Dein Pferd Dir vertraut, weil es sich sicher ist, dass Du Dich in jeder Lebenslage gut um es kümmerst und auch weißt, was gefährlich und was ungefährlich ist, dann wird es für Dich auf den Anhänger gehen. Jederzeit und allerhöchstens kurz zögern.

Insofern bin ich mir nach den ganzen Trainingsübungen, die Du und Dein Pferd inzwischen bewältigt haben, sicher, dass das Verladen kein großes Problem mehr sein wird. Immerhin hat es bereits jede Menge Vertrauen zu Dir entwickelt, und es weiß, es kann sich auf Dich verlassen.

Falls das Verladen allerdings noch immer ein wenig „hakelig" sein sollte, habe ich noch ein paar Anregungen für Dich. Denn manchmal sind an dem Verladeproblem für das Pferd beispielsweise traumatische Erlebnisse schuld. Etwa weil es früher mal die Plane auf den Kopf bekommen hat oder durch einen unachtsamen Fahrer bei einer Vollbremsung fast von den Füßen gekommen ist. Möglicherweise wurde es immer nur gefahren, wenn es zum Tierarzt musste und dort schmerzhafte Behandlungen über sich ergehen lassen musste. Gründe für eine Abneigung gegen den Hänger gibt es aus Pferdesicht viele. Teilweise handelt es sich um Erlebnisse aus der Zeit, bevor das Pferd zu Dir kam, weshalb Du nur das Ergebnis kennst, aber nicht an den wirklichen Ursachen arbeiten kannst. Hier ist ein gutes Gespür unglaublich hilfreich.

Doch eins steht fest: Ein Pferd sollte sich Verladen lassen. Es gibt immer wieder Fälle, wo es ohne eine Anhängerfahrt nicht geht. Gerade wenn ein schwerkrankes Pferd dringend in die Klinik gebracht werden muss, sollte man keine unnötige Zeit vergeuden. Ich persönlich habe so etwas leider schon einmal beim Pferd einer Bekannten selbst miterlebt. Am Ende mussten wir mit mehreren Leuten und diversen Longen die Stute auf den Hänger bugsieren – indem wir ihr die Vorderbeine hochgehoben und immer ein wenig weiter die Rampe hinauf niedersetzten. Wenn der Abstand zu groß wurde, kamen dann auch die Hinterbeine nach. Zuvor hatte sie mir schon eine Rippe gebrochen, weil sie mich an der Boxenwand eingequetscht hatte, denn der Hänger war extra im Stalltor platziert worden.

Was ist also zu tun, wenn Du ein Pferd verladen willst? Ich persönlich bin gerne auf alles vorbereitet und habe daher immer Folgendes zur Hand:

- einen Eimer mit Futter, das schön klappert bzw. rasselt (Hafer, Leckerlis, Müsli o.ä.)
- 1-2 Longen
- 1-2 Gerten
- bei hartnäckigen Fällen, die sich gerne losreißen: Führkette oder sogar ein Steigergebiss

- und natürlich: HANDSCHUHE!

Platziere dann den Anhänger auf ebenem Boden. Bereite ihn „einsteigefreundlich“ vor, d.h. öffne die Seitentür (so wird es heller, das Pferd kann nach draußen sehen und Du kannst schneller und bequemer aussteigen) und hänge ein Heunetz hin. Falls Du den Verdacht hast, dass Dein Pferd ein wenig Probleme mit der Enge hat, kannst Du auch die Trennwand hinten aus der Halterung lösen und zur Seite stellen. So wirkt der Anhänger einladender und großzügiger.

Jetzt holst Du das Pferd (vorher Handschuhe anziehen!). Teste auf dem Weg zum Anhänger ruhig nochmal, ob es gut und zügig neben Dir hergeht. Tritt es direkt an, wenn Du das möchtest? Geht es auf kleine Hilfen rückwärts? Sehr gut.

Führe es nun auf gerader Linie mit energischen Schritten an die Rampe heran. Wenn es ein Pferd ist, das Futter liebt, kannst Du Dir den Eimer nehmen und hältst ihm den hin. Ruhig ein wenig rascheln, um die Aufmerksamkeit zu erregen. Verfressene Pferd werden dann, ohne mit der Wimper zu zucken, mit Dir in den Anhänger hineingehen. Sie wollen nur noch an den Eimer ran. Hintere Stange zumachen lassen, anbinden und fertig.

Teste ruhig, ob der Eimer wirklich nötig ist. Vertraut Dir Dein Pferd, wird es nämlich auch ohne die kleine „Bestechung“ willig mit Dir in den Hänger gehen.

Hast Du dagegen ein Pferd, das zwar an die Rampe herangeht oder sogar darauf, dann aber die Bremse reinhaut und stehen bleibt, musst Du ein wenig tricksen. Bei manchen reicht bereits der Futtereimer, bei anderen kann es gut funktionieren, wenn ein Helfer ihm immer wieder leicht mit der Gerte auf die Kruppe „tupft“. Mehr ist meist gar nicht nötig. Man „nervt“ das Pferd einfach nur so lange, bis es sich entscheidet, dass es im Anhänger vielleicht doch besser ist.

Alternativ kannst Du es natürlich ebenfalls mit Longen probieren. Befestige diese einfach sicher seitlich am Hänger. Führe sie hinter dem Pferd über Kreuz entlang. Jedes Longenende wird von einem Helfer gehalten. Indem die Longen enger gezogen werden, bekommt das Pferd den Impuls von hinten, sich nach vorne in den Anhänger hinein zu bewegen. Hiermit wird ihm also lediglich der Rückzug unmöglich gemacht.

Bricht das Pferd immer zu einer Seite aus, springt vielleicht sogar von der Rampe, kann eine Longe an dieser Seite wahre Wunder bewirken.

Hast Du es mit einem Pferd zu tun, das zwar auf die Rampe geht, aber dann mit aller Macht rückwärts rennt, brauchst Du einen Plan B. Es gibt leider genügend Pferde, die im Laufe der Zeit gelernt haben, dass ihnen der Mensch im Zweifelsfall an körperlicher Kraft nicht wirklich etwas entgegensetzen kann. Das ist der Moment, wo bei mir dann gerne die Führkette zum Einsatz kommt. Allerdings ziehe ich sie nichts durchs Maul, sondern nutze wieder die Verschnallung nach LTJ, die Du ja bereits kennst. So kann ich einerseits effektiv verhindern, dass mir das Pferd unkontrolliert davon stürmt und kann zugleich bei Bedarf das Kopfsenken auslösen. Etwa bei solchen Kandidaten, denen vielleicht schon einmal die Plane auf den Kopf gefallen ist und die nun vor dem Einsteigen den Kopf hochreißen. In Kombination mit etwas Hilfe vom „Bodenpersonal" gehen dann auch solche Pferde meist schnell auf den Hänger.

Zu guter Letzt noch etwas sehr Entscheidendes: Auch oder gerade beim Verladen sind Fingerspitzengefühl und Timing entscheidend. Gerade wenn ich ein Pferd habe, das ein wenig zögerlich ist und immer wieder stehen bleibt. Grundsätzlich geht es auch hier darum, den Druck bei Bedarf zu erhöhen bzw. zu halten und ihn wegzulassen, wenn das Pferd das Richtige tut.

Konkret bedeutet das: Solange das Pferd vorwärts in Richtung Anhänger geht, ist der Führstrick locker. Bleibt es stehen, kommt Zug auf den Führstrick. Geht es womöglich sogar rückwärts, erhöhe ich den Zug. Dieser wird erst aufgehoben, wenn das Pferd einen Schritt in die richtige Richtung (also in Richtung Hänger) macht. Du siehst, hier ist durchaus auch Konzentration beim Führenden gefragt.

Das A und O beim Verladen: Trainieren. Und bitte sturer sein als das Pferd. Die Devise ist immer „Es dauert so lange, wie es dauert".

Und ja, dranbleiben lohnt sich. Vielleicht entdeckt ihr beide ja, wie viel Spaß es macht, durch die Heide oder das Watt oder durch Weinberge zu reiten. Wie wäre es mit einem Wanderritt oder einem Lehrgang, bei dem ihr gemeinsam viele neue Impulse bekommt? Oder vielleicht entdeckt ihr ja den Spaß am Turnierreiten? Anhänger fahren kann wirklich eine lohnende und schöne Angelegenheit sein – für Mensch und Pferd.

## 5 fatale Fehler bei der Bodenarbeit – und die Zaubermittel dagegen

Vielleicht hast Du Dich schon selbst gefragt, wieso manche Übungen gut gelingen und manche irgendwie so gar nicht oder vielleicht nur an manchen Tagen klappen. Meist liegt es an kleinen oder auch größeren Fehlern, die im Umgang mit dem Pferd gemacht werden.

Da sie wirklich sensationell gute Beobachter sind (ansonsten wären sie sicherlich schon vor Jahrtausenden von Säbelzahntigern aufgefuttert worden), durchschauen sie uns nämlich blitzschnell. Kleine Unachtsamkeiten entdecken sie sofort und haben auch keinerlei Hemmungen, diese auszunutzen. Ich hatte Dir ja schon erklärt, dass sie ständig dieses Wer-bewegt-wen-Spiel mit uns spielen. Und wenn Du einen kleinen Moment nicht ganz bei der Sache bist, bemerkt das Dein Partner Pferd sofort.

Natürlich gibt es auch immer nette und kulante Modelle. Freundliche Pferde, die beispielsweise ihr Bestes geben, um auch noch unsere verwirrtesten Reiterhilfen richtig zu interpretieren. Aber es gibt eben auch diese oberschlauen Pony-Vertreter, die nach Runde drei immer kleinere Kringel drehen, bis man irgendwann nur noch bei X steht und mit hochrotem Kopf versucht, das Pferdchen von der Stelle zu bekommen. Das grinst aber nur breit in sich hinein. Jedenfalls würde das jeder an der Bande beschwören.

Tatsache ist: Jedes Pferd „fragt" immer wieder bei uns an, ob wir noch aufpassen und bei der Sache sind. Gute Chefs achten nämlich immer darauf, dass es ihren Herdenmitgliedern gut geht. Ein Moment der Unachtsamkeit kann fatal sein. Deshalb checken Pferde immer wieder, ob sie nicht vielleicht doch besser für sich selber sorgen sollten. Weil wir gerade aus Pferdesicht „pennen".

Was sind nun aber die fünf größten Fehler von uns Menschen?

1. Inkonsequenz
   Lässt Du manchmal alle Fünfe gerade sein? Weil Du vielleicht müde bist, gut drauf und daher besonders kulant bist? Oder einfach mit den Gedanken woanders? Das ist nur allzu menschlich, allerdings sind unsere Pferde da gnadenlos.
   Es geht bei Konsequenz NICHT darum, jeden kleinen Fehler gnadenlos und unnachgiebig zu ahnden oder womöglich streng zu bestrafen. Ganz und gar nicht! Vielmehr bedeutet Konsequenz, dass wir in gleichen Situationen möglichst immer gleich handeln. Wenn ich nicht möchte, dass mein Pferd seinen Kopf an mir scheuert, dann möchte ich das nie (Ohne Ausnahme). Auch wenn es an einem Tag vielleicht besonders niedlich dabei guckt.
   Hierbei geht es letztlich nämlich um Verlässlichkeit. Und ein Mensch ist aus Pferdesicht nicht verlässlich, der etwas an einem Tag lobt und am anderen unterbindet. Bleib also immer konsistent!

2. Ungeduld
   Beobachte Dich einmal selbst: Wie schnell wirst Du ungeduldig, wenn etwas nicht klappt? Meist passiert uns das ziemlich fix, auch wenn wir mit dem Pferd umgehen. Das ist dann aber etwas, was uns folgerichtig auf die Füße fällt. Pferde benötigen nämlich ein wenig Zeit, um Dinge zu

durchdenken und zu verstehen. Wenn wir ihnen diese Zeit nicht lassen, bedeutet das für sie wiederum Stress. Vor allem, wenn wir dann auch noch grob werden. Wenn sie sich etwa an einer Weide mit Kühen nicht vorbei trauen und wir zu allem Überfluss mit Sporen und Gersten kommen und am Zügel herumziehen. Je geduldiger und ruhiger Du in solchen Situationen bist und mit Übersicht handelst, desto eher wird Dich Dein Pferd als kompetent wahrnehmen und auch zukünftig einstufen.

3. <u>Zeitdruck</u>
   Wir leben in einer Zeit, wo Stress und wenig Zeit zum Standard gehören. Aber, um das mal ganz klar zu sagen, das ist eine zutiefst menschliche Eigenschaft. Pferde kennen keinen Zeitdruck in dem Sinne. Sie registrieren lediglich, dass Du enorm angespannt bist, wenn Du in den Stall kommst. Du bist gereizt, unkonzentriert und ungeduldig. Das wiederum verunsichert Pferde zutiefst, weshalb sie sich instinktiv ebenfalls anspannen. Denn sie kennen ja nicht den eigentlichen Grund für Deine Befindlichkeit. Für sie ist nur klar: Wenn Du so angespannt bist, muss irgendwo etwas Schreckliches lauern. Und ganz sicher frisst es auch Pferde!
   Also: Falls es Dir wieder einmal so geht, dass Du in den Stall hetzt oder einen Tag hinter Dir hast, der Dir extrem in den Knochen sitzt, dann verzichte lieber auf das Training. Tue etwas, um runterzukommen, und genieße die Zeit im Stall mit den Pferden. Vielleicht gehst Du mit Deinem Pferd ein wenig spazieren, knuddelst es oder beobachtest die Herde auf der Weide.

4. <u>Unaufmerksamkeit</u>
   Auch dies ist ein typischer Fehler, der immer wieder, im Umgang mit dem Pferd, vorkommt. Vielleicht liegt es daran, dass heutzutage die „Multitasking-Fähigkeit" als etwas besonders Tolles gilt. Wenn ich mein Pferd putze, kann ich

doch nebenbei noch telefonieren. Oder ich quatsche beim Longieren mit meinen Stallkollegen.
Wenn Du mit Deinem Pferd umgehst, solltest Du auch voll und ganz in Gedanken bei Deinem Pferd sein. Denn ansonsten schleichen sich ganz schnell Fehler ein. Meist entgeht einem dann nämlich, wenn das Pferd ein wenig drängelt beim Führen, wenn es am Putzplatz anfängt, wieder leicht hin du her zu hampeln oder derartige Dinge. Und schon sind wir wieder bei der Frage: Wer bewegt hier eigentlich wen?
Meine ganz persönliche Meinung ist sowieso: Wenn ich mit einem Tier von circa 600 Kilo umgehe, sollte ich auch bei der Sache sein. Pferde sind die meiste Zeit wirklich unglaublich nett, immerhin lassen sie uns ja auch auf ihnen reiten. Ich halte es aber für sehr gefahrenträchtig, wenn sie machen dürfen, was sie wollen.
Pferde sind instinktgesteuerte Fluchttiere. Das kann man gar nicht zu oft betonen. Insofern neigen sie zu unbedachten Reaktionen, mit denen sie sowohl sich als auch uns in Gefahr bringen können. Im „Was-passiert-dann-Spiel“ sind sie nämlich sehr schlecht. Sie machen sich keine Gedanken, was passieren könnte, wenn sie jetzt in Richtung Straße flüchten. Sie flüchten einfach. Vorausschauendes Denken ist unsere Fähigkeit und deshalb halte ich es für besser, wenn wir der Kopf in diesem Team bleiben. Und dafür sollte man bei der Sache sein.

5. <u>Stopp-Haltung</u>
   Auch die Körperhaltung kann eine entscheidende Rolle im Umgang mit Pferden spielen. Denn bei Menschen spiegelt die äußere Haltung häufig den inneren Zustand wieder. Wer mutig, selbstsicher und voller Energie ist, kommt anders daher, als jemand, der sich traurig, mutlos und unsicher fühlt. Und Pferde nehmen das in Sekundenbruchteilen wahr!

Kennst Du die sogenannte „Stopp-Haltung"? Manchmal wird es auch als Stopp-Reflex bezeichnet, weil es eng mit einer Rückzugsreaktion der Person zusammenhängt. Aus diesem Grund wird diese Haltung in der Bewegungslehre nach Feldenkrais auch als „Körperschema der Angst" bzw. der „passive Selbstschutz" bezeichnet.
Typisch hierfür sind ein runder Rücken mit nach vorne gebeugten Schultern, der Kopf wirkt ein wenig wie bei einer Schildkröte (nach vorne gezogen), der Brustkorb ist nach innen gezogen, die Arme hängen vor dem Körper und nicht seitlich. Des Weiteren geht ein Mensch in der Stopp-Haltung in kleinen Schritten, wobei die Füße nicht abrollen. Es wirkt alles in allem fast so, als hätte man einen Büßer vor sich, der darum bittet, ihm nichts zu tun.
Und jetzt mal ganz ehrlich: Würdest Du als Pferd so jemanden ernst nehmen, ihn respektieren und ihm vertrauen? Wärst Du sicher, dass so jemand Dein Wohlergehen gewährleisten könnte?
Höchstwahrscheinlich eher nicht. Achte daher bitte auch auf Deine Körperhaltung, wenn Du mit dem Pferd Kontakt hast.

Um es zum Abschluss noch einmal ganz deutlich zu sagen: Ich finde Fehler überhaupt nicht schlimm. Fehler passieren und sie sind die beste Möglichkeit zu lernen. Sie geben Dir jede Menge Input, wo es noch Optimierungsbedarf bei Dir bzw. euch gibt. Es ist nur entscheidend, dass Du für Dich auswertest, was Du gegebenenfalls noch ändern solltest. Das erfordert manchmal ein wenig Grips und Phantasie. Ist es aber allemal wert! Oder was meinst Du?

## Wie ausgewechselt: Aus einer Einzelkämpferin wird ein Traumpferd

Gerade gestern staunte eine langjährige Bekannte wieder über das, was aus meiner Norwegerin geworden ist. Beide schmusten ausgiebig miteinander und die Freundin schüttelte immer wieder den Kopf, denn Anfassen war lange Zeit etwas, worauf die Stute lange Zeit so gar keinen Wert darauflegte.

Ja, sie hat sich verändert.

Inzwischen ist aus dem kleinen Eigenbrötler, der nichts mehr mit Menschen zu tun haben wollte, ein Pony geworden, das immer freundlich und höflich ist. Jemanden Anrempeln? Nie. Sie ist im besten Sinne des Wortes ein zufriedenes Pferd geworden, das Lust hat, mit dem Menschen zusammenzuarbeiten. Ich musste sehr schmunzeln, als in einem Dressurprotokoll das „höchst motivierte und arbeitswillige" Pony ausdrücklich gelobt wurde. Wenn die wüssten!

Tatsache ist: Es war ein weiter Weg, aber der hat sich gelohnt. Dabei war sinnvolle, konsequente Bodenarbeit ein wesentliches Element, um Vertrauen und Gelassenheit zu erarbeiten und eine Kommunikationsbasis zu finden. Das Ergebnis: ein hochintelligentes, selbstbewusstes Pony voller Energie, das stets sein Bestes gibt, um zu gefallen, das hochmotiviert mitarbeitet und sich bei gruseligen Sachen dennoch immer bemüht, zu verstehen, was man vom ihm will.

Eben ein Traumpferd.

# Vom Führen zum Anführer: Bodenarbeit sei Dank!

Das war er nun: Der Einblick in die große, faszinierende Welt der Bodenarbeit. Wie Du gesehen hast, ist es eine tolle Sache für Dich und Dein Pferd, denn diese Form der Beschäftigung hat zahlreiche positive Effekte, von denen ihr beide profitiert.

Bodenarbeit ist das Mittel der Wahl, wenn Du eine solide Kommunikation mit Deinem Pferd etablieren willst. Es lernt dank der Übungen, Dich zu verstehen und auch zu akzeptieren. Im Gegenzug lernst Du Dein Pferd besser kennen und verstehst allmählich, wie es „tickt".

Eine funktionierende Kommunikation ohne Missverständnisse und die Klärung der jeweiligen Rollen in der Beziehung wiederum ist die Grundlage für stabiles, belastbares Vertrauen. Und ohne Vertrauen gibt es keine Motivation.

Du siehst: Ohne Bodenarbeit geht im Umgang mit dem Pferd eigentlich nichts. Aus diesem Grund ist es auch so wichtig, dass Du sie in die tägliche Arbeit integrierst. Tust Du das, wirst Du sicherlich schon bald die ersten positiven Effekte sehen. Dank der vielfältigen Optionen, die Dir die Bodenarbeit bietet, bin ich mir zudem sicher, dass Dir und Deinem Pferd dabei ganz sicher auch nicht langweilig werden wird, während ihr euch zu einem großartigen Team entwickelt.

Viel Spaß auf eurem weiteren gemeinsamen Weg!

# Literatur

Deutsche Reiterliche Vereinigung e.V. (FN): Pferde verstehen - Umgang und Bodenarbeit: Verhalten - Lernfähigkeit - Praxisübungen (Offizielle Prüfungsbücher).

Michael Geitner, Alexandra Schmid: EquiClassic-Work: Bodenarbeit nach Michael Geitner.

Oliver Hilberger: Gymnastizierende Arbeit an der Hand: Schritt für Schritt zu Losgelassenheit und Selbstvertrauen.

Annika Markgraf: Zirkuslektionen mit Spaß und System.

Sigrid Schöpe: Bodenarbeit mit Pferden: Abwechslungsreiche Übungen, die Spaß machen.

## Danksagung

In der Regel ist bei einem Buch immer der Autor derjenige, der im Rampenlicht steht. Leider, denn ohne die tatkräftige Unterstützung durch viele Menschen im Hintergrund lassen sich Buchprojekte meist nicht realisieren. So auch in diesem Fall.

Ohne meine zahlreichen tüchtigen „Helferlein“ hätte es dieses Buch zum Thema Bodenarbeit sicherlich nicht gegeben. Sie waren mir nicht nur während des Schreibens eine große Hilfe, sondern haben sich dankenswerterweise sogar als Fotomodelle und Bodenarbeits-Parcoursbauer betätigt. Diese vielen lieben Menschen sollen daher hier nun einmal besondere Erwähnung finden:

Mein ganz besonderer Dank gilt dem Team des Reitvereins „Unter den Eichen“ Bolsehle e.V. (www.reitverein-bolsehle.com), die sich bereitwillig beim Bodenarbeitstraining mit den Schulpferden haben über die Schulter blicken lassen. Allen voran die beiden ersten Vorsitzenden und Reitlehrerinnen Corinna Kraus und Kim Mackowiak (www.reiten-unterdeneichen.com), aber natürlich ebenfalls Henrike, Mareike, Ulli, Melanie, Lena, Rebecca und Daniela. Ihr seid ein großartiges Team!

Abbildung 48: Das Team des Reitvereins „Unter den Eichen“ Bolsehle e.V.

Auch bei unserer engagierten Fotografin Lorena Aschmis von „Lorenagraphy" möchte ich mich herzlich bedanken. Prima, dass Du Dir die Zeit für uns genommen hast!

Und natürlich bin ich auch dankbar für Dein Interesse, liebe Leserin/ lieber Leser. Ich freue mich sehr, dass Du das Buch bis hierher durchgelesen und vielleicht sogar durchgearbeitet hast und mir Deine Zeit geschenkt hast. Ich hoffe, Du hattest einige Aha-Effekte und konntest neue Impulse für die Arbeit mit Deinem Pferd gewinnen.

Du weißt vielleicht schon, dass gerade unabhängige Autoren es nicht gerade leicht auf dem hart umkämpften Buchmarkt haben. Die beste Möglichkeit, damit auch andere Leser auf dieses Buch aufmerksam werden, ist ein Kommentar. Insofern würde ich mich sehr freuen, wenn Du Dir die Zeit nimmst und einen Kommentar zu diesem Buch hinterlässt. So kannst Du anderen Lesern bei der Kaufentscheidung helfen und vielleicht dieses Buch ein wenig bekannter machen. Es liegt in Deiner Hand.

*Vielen Dank an alle – Ich weiß das sehr zu schätzen.*

ISBN: 9798683302320
Independently Published
Max Mittelstaedt
Curt-Goetz-Str 23
06132, Halle

Printed in Germany
by Amazon Distribution
GmbH, Leipzig

20849601R00075